Michael Normann

Typenkompass

Kampfflugzeuge der NVA

1956 - 1990

Michael Normann

Typenkompass

Kampfflugzeuge der NVA

1956 - 1990

Motor buch Verlag

Einbandgestaltung: Sven Rauert

Bildnachweis:
Sofern nicht anders vermerkt, stammen die Bilder vom Autor bzw. aus dessen Archiv.

ISBN 978-3-613-03227-9

1. Auflage 2010

Sie finden uns im Internet unter
www.motorbuch-verlag.de

Lektorat: Alexander Burden
Repro: Jürgen Knopf, Medien und Printprodukte, 74321 Bietigheim-Bissingen
Druck und Bindung: Kessler Druck und Medien, 86399 Bobingen
Printed in Germany

Inhalt

Vorwort

Von 1956 bis 1990 bildeten die Luftstreitkräfte (LSK) der DDR die fliegerische Komponente der NVA. Ihre Kampfverbände gliederten sich in sechs Jagdfliegergeschwader, zwei Jagdbombenfliegergeschwader, ein Marinefliegergeschwader und zwei taktische Aufklärungsstaffeln. Darüber hinaus gab es zwei Fliegerausbildungsgeschwader, zwei Hubschraubergeschwader, das Regierungsfliegergeschwader, sowie die beiden Transportfliegerstaffeln und die Transportfliegerausbildungsstaffel. 1989, kurz vor dem Ende der DDR, wurde ein Jagdfliegergeschwader aufgelöst, so dass nur noch fünf Jagdfliegergeschwader im Kampfbestand der LSK standen. Die LSK bildeten zusammen mit den Einheiten der Luftverteidigung (LV) das Kommando LSK/LV.

Der vorliegende Band richtet seinen Fokus auf die Kampfflugzeuge der LSK und deren Versionen, die in der DDR zum Einsatz kamen. Transport- und Verbindungsflugzeuge wurden aus Platzgründen nicht berücksichtigt. Ebenfalls nicht berücksichtigt wurden die Kampfhubschrauber, da sie nicht den LSK sondern den Landstreitkräften (LaSK) unterstanden.

Dieses Buch soll ein kleines Nachschlagewerk sein, das dem interessierten Leser einen kurzen Einblick in die Flugzeugwelt der Luftstreitkräfte der DDR gibt. Ich hoffe, dass es Ihnen gefallen wird.

Michael Normann

MiG-15bis (Fagot B)

Die MiG-15 war eines der berühmtesten Jagdflugzeuge der Welt. Sie startete als »Projekt S« am 30. Dezember 1947 zu ihrem Jungfernflug und bestand keine drei Jahre später ihre Feuertaufe am Himmel Koreas. Dort zeigte sie sich den amerikanischen F-86A Sabre als ebenbürtiger Gegner. Die verbesserte Version MiG-15bis erhielt u.a. ein stärkeres Triebwerk und verbesserte Waffen. Sie war der F-86A und E hinsichtlich Beschleunigung, Steigvermögen, Feuerkraft, Gipfelhöhe und Kurvenradius über-, hinsichtlich Rollgeschwindigkeit und Sturzflugverhalten unterlegen. Mit der Version F-86F gelang es den Amerikanern die Leistungslücke zur MiG-15bis zu verringern, vor allem als für die Sabre F ein neuer Flügel verfügbar wurde.

Die bewaffneten Verbände der DDR erhielten im April 1953 ihre ersten MiG-15. Im April und im Mai 1953 wurden in Cottbus die ersten deutschen Piloten auf dieses Muster umgeschult. Die Umschulung erfolgte auf der Trainingsvariante MiG-15UTI. Am 17. und 18. Juni 1953 wurden die 106 gelieferten Jagdflugzeuge auf sowjetische Flugplätze zurückgeführt. Der Grund waren die politischen Unruhen des 17. Juni.

Drei Jahre später erhielt dann die NVA ihre ersten MiG-15bis. Sie stammten aus ČSSR-Produktion (S-103) und wurden von

Kurze gedrungene Form, tropfenförmiges Kabinendach, Pfeilflügel mit zwei Grenzschichtzäunen, sowie eine starke Kanonenbewaffnung waren äußerliche Merkmale der MiG-15bis. Foto: Luftwaffenmuseum BW

tschechischen Piloten am 28. Juni 1956 nach Cottbus überführt. Es sollen etwa 40 MiG-15bis aus der ČSSR beschafft worden sein. Weitere Maschinen wurden von der UdSSR übernommen. In den Kampfverbänden blieb die MiG-15bis nur kurze Zeit. Bereits 1957 wurde sie von der MiG-17 verdrängt und sukzessive in die Ausbildungsverbände abgegeben. Dort flog sie bis 1964/65. Die MiG-15UTI-Trainer blieben hingegen bis 1982 im Einsatz. Das war notwendig, weil es für die MiG-17 und MiG-19 keine Trainingsvarianten gab und die MiG-17F-Jagdbomber bis 1982 flogen.

Tiefer geht es kaum noch. Foto: J.Dubravcik

Eine MiG-15bis auf dem Flugplatz Cottbus. Foto: J.Dubravcik

Das gesamte Kanonenpaket der MiG-15 konnte zum Aufmunitionieren und zur Wartung der Waffen abgesenkt werden. Foto: J.Dubravcik

Einsatzzeitraum	1956 – 1965
Abmessungen	
Spannweite	10,08 m
Länge	10,10 m
Höhe	3,70 m
Flügelfläche	20,60 m²
Massen	
Leermasse	3.691 kg
Startmasse	5.055 kg
max. Startmasse	6.045 kg
max. Waffenlast	200 kg
Treibstoffmenge	1.410 l + 2 Zusatzbehälter
Antrieb	1 x WK-1A
Schub	26,47 kN
Flugleistungen	
Höchstgeschwindigkeit	1.044 km/h in 3000 m

Marschgeschwindigkeit	860 – 900 km/h
Aktionsradius	650 km
Gipfelhöhe	15.500 m
Steiggeschwindigkeit	46 m/s
Bewaffnung	
Bordkanone	1 x 37mm N-37D, 40 Schuss
	2 x 23 mm NR-23, je 80 Schuss
Waffenstationen	2 x 100 kg-Bomben
	2 x 280 bzw. 400 l-Zusatzbehälter

MiG-17-glatt (Fresco A)

Die MiG-15 hatte sich im Koreakrieg als ein leistungsfähiges und zuverlässiges Jagdflugzeug erwiesen. Sie hatte aber auch einige Schwächen offenbart. So neigte sie bei hohen Geschwindigkeiten zu starkem Schütteln, was das Zielen im Luftkampf erschwerte. Viel unangenehmer war jedoch ihre Tendenz in gewissen Geschwindigkeits- und Höhenbereichen leicht ins Trudeln zu geraten. Auch ließ sich die Geschwindigkeit der MiG-15 nicht weiter steigern.
Deshalb wurde das Projekt SI ins Leben gerufen. Das Flugzeug wurde aerodynamisch überarbeitet, der Rumpf gestreckt und eine neue Tragfläche entwickelt. Der Prototyp SI-01 startete am 1. Februar 1950 zu seinem Jungfernflug. Der Kampfeinsatz in Korea blieb der MiG-17 erspart. Sie sollte im zweiten Halbjahr 1953 nach Korea entsandt werden, doch der Waffenstillstand von Panmunjon machte die Ablösung der im Kampf stehenden sowjetischen MiG-15-Verbände überflüssig.
Die NVA erhielt ihre ersten MiG-17 Mitte 1957. Sie lösten die zum Zeitpunkt ihrer Lieferung bereits veralteten MiG-15bis in den sechs NVA-Jagdfliegergeschwadern ab. 1957 wurden die MiG-17 in zwei Versionen zeitgleich aus verschiedenen Quellen beschafft. Gebrauchte MiG-17 kamen aus sowjetischen Beständen, neugebaute MiG-17F wurden aus Polen importiert. Die nachbrennerlosen MiG-17 der ersten Baureihen wurden in der NVA als MiG-17-glatt bezeichnet. Einige Maschinen, deren Steuerung mit Hydraulikverstärkern zur Verbesserung der Manövrierfähigkeit in großen Höhen und größeren Luftbremsen ausgestattet waren wurden NVA intern als MiG-17H geführt.

Ein gestreckter Rumpf, überarbeitete Tragflächen mit drei Grenzschichtzäunen und größerer Pfeilung kennzeichneten die MiG-17. Foto: Luftwaffenmuseum BW

1960 wurden nochmals MiG-17 von den sowjetischen Luftstreitkräften übernommen, darunter sollen sich auch einige betagte glatte 17er befunden haben. Die MiG-17-glatt blieb bis 1966 in den Verbänden der LSK.

MiG-17 als Traditionsmaschine des JG-9. Foto: U.Huster

Einsatzzeitraum	1957 – 1966
Abmessungen	
Spannweite	9,63 m
Länge	11,26 m
Höhe	3,80 m
Flügelfläche	22,60 m²
Massen	
Leermasse	3.798 kg
Startmasse	5.202 kg
max. Startmasse	5.932 kg
max. Waffenlast	500 kg
Treibstoffmenge	1.410 kg + 2 Zusatzbehälter
Antrieb	1 x WK-1A
Schub	26,47 kN

Flugleistungen	
Höchstgeschwindigkeit	1.094 km/h in 2.000 m
Marschgeschwindigkeit	950 km/h
Aktionsradius	600 km
Gipfelhöhe	15.600 m
Steiggeschwindigkeit	47 m/s
Bewaffnung	
Bordkanone	1 x 37mm N-37D, 40 Schuss
	2 x 23 mm NR-23, je 80 Schuss
Waffenstationen	2 x 250 kg-Bomben
	2 x 280 bzw. 400 l-Zusatzbehälter
	2 x ungelenkte Raketen

MiG-17F (Fresco C)

Mit der MiG-17 war es den sowjetischen Konstrukteuren gelungen einige Schwachstellen der MiG-15 zu beseitigen. Allerdings war die Steigerung von Höchst- und Steiggeschwindigkeit marginal ausgefallen. Deshalb wurde eine verbesserte Version der MiG-17 geschaffen, die ein Triebwerk mit Nachbrenner erhielt. Beschleunigung und Steigleistung der nun MiG-17F genannten Maschine verbesserten sich dramatisch.
Die MiG-17F wurde zum Standardkampfflugzeug des Warschauer Vertrages und vieler befreundeter Nationen. Ab 1965 kam sie im Vietnamkrieg zum Einsatz wo sie, obwohl bereits technisch veraltet, 73 amerikanische Flugzeuge abschoss.
Die NVA erhielt ihre MiG-17F ab Juni 1957. Neugebaute Maschinen wurden aus Polen importiert (Lim-5), gebrauchte MiG-17F wurden von den sowjetischen Truppen übernommen.
Die MiG-17F wurde von ihren Piloten gern geflogen. Sie galt als robustes, zuverlässiges und agiles Flugzeug. Die MiG-17F verblieb bis 1968 in den Jagdfliegergeschwadern. Danach wurden die am besten erhaltenen Maschinen ausgewählt und zu Jagdbombenflugzeugen umgerüstet. Die dazu notwendigen Bauteile wurden aus Polen importiert (Lim-6bis) und im Flugzeugwerk Dresden montiert. Die Jagdbomberversion erhielt zwei zusätzliche Waffenpylone zur Aufnahme

Merkmale der F waren Nachbrennertriebwerk, Funk-E-Messer und Periskop.

von Raketenbehältern Mars-2 (16 Raketen S-5) oder ungelenkter 250 kg-Bomben.
1971 wurde das Jagdbombenfliegergeschwader 31 (JBG-31) neu aufgestellt und mit 47 MiG-17F-Jagdbombenflugzeugen ausgerüstet. Sie flogen dort bis sie ab 1980 von der MiG-23BN abgelöst wurden. Die letzten MiG-17F wurden 1985 außer Dienst gestellt. 1980/81 verschenkte die DDR zwölf Maschinen an Mosambik und drei an Guinea-Bissau.

Die Antenne des Funk-E-Messer befindet sich vor der Kanzel. Foto: A.Schaffer

Alarmstart. Jetzt muss es schnell gehen! Foto: Luftwaffenmuseum BW

Die Jagdbombervariante der MiG-17F von links gesehen...

...und von rechts. Gut zu sehen die nachgerüsteten Pylone für Mars-2-Raketenbehälter.

Dieser MiG-17F-Jäger ist heute im Museum Cottbus ausgestellt.

Einsatzzeitraum	1957 – 1985
Abmessungen	
Spannweite	9,63 m
Länge	11,26 m
Höhe	3,80 m
Flügelfläche	22,60 m²
Massen	
Leermasse	3.920 kg
Startmasse	5.345 kg
max. Startmasse	6.075 kg
max. Waffenlast	500 kg / 1.000 kg ab 1971
Treibstoffmenge	1.410 l + 2 Zusatzbehälter
Antrieb	1 x WK-1F
Schub	26,47 kN trocken
	32,12 kN Nachbrenner
Flugleistungen	
Höchstgeschwindigkeit	1.154 km/h in 3.000 m

Marschgeschwindigkeit	950 km/h
Aktionsradius	500 km
Gipfelhöhe	16.600 m
Steiggeschwindigkeit	65 m/s
Bewaffnung	
Bordkanone	1 x 37 mm N-37D, 40 Schuss
	2 x 23 mm NR-23, je 80 Schuss
Waffenstationen	2 x 250 kg-Bomben
	2 x 280 bzw. 400 l-Zusatzbehälter
	2 x ungelenkte Raketen
ab 1971 zusätzlich	2 x Mars-2 Raketenbehälter

MiG-17PF (Fresco D)

Die MiG-17 und MiG-17F waren reine Tagjagdflugzeuge. Sie konnten nachts und unter schwierigen Witterungsbedingungen nur beschränkt eingesetzt werden. Um dieses Manko zu überwinden wurde die MiG-17 mit einem Radargerät (Funkmessvisier im NVA-Sprachgebrauch) ausgestattet, was zur Serienversion MiG-17P führte. Die P erwies sich als untermotorisiert, so dass sie mit dem Nachbrennertriebwerk der MiG-17F ausgerüstet wurde. So entstand die Serienversion MiG-17PF.
Die NVA beschaffte von Januar bis Mai 1959 40 MiG-17PF aus polnischer Produktion (Lim-5P) und setzte sie in den Jagdfliegergeschwadern JG-1, JG-2 und JG-9 ein. Sie verblieben bis 1969/70 im Dienst. Äußerlich war die PF an ihrem veränderten Rumpfbug zu erkennen. In der Lippe des Lufteinlaufs war die Antenne für den Übersichtsbetrieb des Radars RP-1 untergebracht. Die Antenne für den Zielbetrieb befand sich unter einer runden Verkleidung inmitten des Lufteinlaufs. Das Radar hatte eine maximale Auffassentfernung von 12 km. Es schaltete automatisch in den Zielbetrieb wenn sich das Luftziel auf unter 2 km genähert hatte. Um das zusätzliche Gewicht des Radars zu kompensieren wurde die 37 mm-Kanone durch eine dritte 23 mm-Kanone ersetzt. Die nun einheitliche Bewaffnung hatte den Vorteil beim Salvenfeuer nicht mehr so stark zu streuen, dafür war ihre Durchschlagskraft geringer. Die MiG-17PF war etwa 260 kg schwerer als die MiG-17F. Außerdem

Nachbrennertriebwerk und veränderter Rumpfbug sind Merkmale der MiG-17PF.

generierte ihr Rumpfbug einen etwas höheren Luftwiderstand. Deshalb waren die Flugleistungen der MiG-17PF auch etwas schwächer als die der MiG-17F.
Der einzig wirkliche Schwachpunkt der MiG-17PF und auch der MiG-17F bestand darin, dass es beim Einsatz des Nachbrenners immer wieder zu Überhitzungen kam, so dass der Einsatz des Nachbrenners streng limitiert werden musste.

Die MiG-17PF damals... Foto: A.Schaffer

...und heute.

Die kleine Verdickung neben dem Lufteinlauf beherbergt die Schießkamera.

Vier Signalraketen befinden sich am Seitenleitwerk der MiG-17PF.

Die obere blaue Verkleidung verbirgt die Antenne für den Übersichtsbetrieb, die untere die Antenne für den Zielbetrieb des Radars.

Einsatzzeitraum	1959 – 1970
Abmessungen	
Spannweite	9,63 m
Länge	11,68 m
Höhe	3,80 m
Flügelfläche	22,60 m²
Massen	
Leermasse	4.182 kg
Startmasse	5.550 kg
max. Startmasse	6.280 kg
max. Waffenlast	500 kg
Treibstoffmenge	1.415 l + 2 Zusatzbehälter
Antrieb	1 x WK-1F
Schub	26,47 kN trocken
	32,12 kN Nachbrenner

Flugleistungen	
Höchstgeschwindigkeit	1.121 km/h in 4.000 m
Marschgeschwindigkeit	900 km/h
Aktionsradius	350 km
Gipfelhöhe	15.850 m
Steiggeschwindigkeit	55 m/s
Bewaffnung	
Bordkanone	2 x 23 mm NR-23, je 80 Schuss
Waffenstationen	2 x 280 bzw. 400 l-Zusatzbehälter

MiG-19S (Farmer C)

Die MiG-19S war das erste Serienüberschallflugzeug der Welt. Sie startete am 5. Januar 1954 zu ihrem Erstflug und wurde im selben Jahr in den Truppendienst übernommen. Ab 1957 kam die MiG-19S auch bei den Luftstreitkräften Polens, Rumäniens, Bulgariens und der ČSSR zum Einsatz. Zwei Jahre später,

Langer dicker Rumpf, Tragflächen großer Pfeilung, zentraler runder Lufteinlauf und zwei Triebwerke waren Erkennungsmerkmale der MiG-19S. In dieses Flugzeug hatte die NVA große Hoffnungen gesetzt, es erwies sich jedoch im Einsatz als sehr anfällig.
Foto: Luftwaffenmuseum BW

im September 1959, erhielt die NVA ihre MiG-19. Geplant war die Beschaffung von 72 Flugzeugen, mit denen die Jagdfliegergeschwader JG-3 und JG-8 ausgerüstet werden sollten.
Zunächst verfügte man über zwölf Tagjäger MiG-19S und zwölf Allwetterabfangjäger MiG-19PM, mit denen man zwei Staffeln des JG-3 ausstattete. Es waren allerdings gebrauchte Maschinen, da die Produktion der MiG-19 in der UdSSR bereits eingestellt war.
Anders als die MiG-15 und MiG-17 erwies sich die zweistrahlige MiG-19 als schwieriges Flugzeug. Das Anlassen der Triebwerke am Boden war diffizil, vor allem wenn Seitenwind wehte. Brüche von Hydraulikleitungen kamen immer wieder vor und es traten regelmäßig Überhitzungserscheinungen auf, vor allem bei längerem Nachbrennerbetrieb. Ein wirklich gefährliches Problem stellten Leckagen der Rumpftanks dar, wobei sich Treibstofflachen in der Rumpfschale ansammeln konnten und somit Explosionsgefahr bestand. Schwierigkeiten machte auch die Ersatzteilversorgung. Der Klarstand der MiG-19S-Staffel lag deshalb weit unterhalb dessen was man von den MiG-17-Verbänden gewohnt war.
Von den zwölf beschafften Maschinen gingen sechs verloren. Zwei erlitten Schäden am Boden, vier stürzten ab, davon nur eine durch einen Pilotenfehler. Die MiG-19S hatte deshalb in der NVA keinen besonders guten Ruf. Allerdings muss man sagen, dass andere Luftstreitkräfte mit der MiG-19 gut zurecht kamen.

Einsatzzeitraum	1959 – 1969
Abmessungen	
Spannweite	9,00 m
Länge	14,80 m
Höhe	3,88 m
Flügelfläche	25,16 m²
Massen	
Leermasse	5.172 kg
Startmasse	7.560 kg
max. Startmasse	8.662 kg
max. Waffenlast	500 kg
Treibstoffmenge	2.155 l + 2 x 760 l-Zusatzbehälter
Antrieb	2 x RD-9B
Schub	25,48 kN trocken
	32,34 kN Nachbrenner
Flugleistungen	
Höchstgeschwindigkeit	1.454 km/h in 10.000 m
Marschgeschwindigkeit	950 km/h
Aktionsradius	650 km
Gipfelhöhe	18.750 m
Steiggeschwindigkeit	115 m/s
Bewaffnung	
Bordkanone	3 x 30 mm NR-30, je 70 Schuss
Waffenstationen	2 x 760 l-Zusatzbehälter
	2 x 250 kg-Bomben
	2 x Raketenbehälter ORO-57K

MiG-19PM (Farmer D)

Die MiG-19PM war die von der NVA geflogenen Allwetterversion des Überschalljagdflugzeugs MiG-19. Sie war für die Abfangjagd in großen Höhen zu jeder Tageszeit und unter allen Wetterbedingungen vorgesehen.
Die MiG-19PM wurde in zwölf Exemplaren beschafft und in der 2. Staffel des JG-3 in Dienst gestellt. Auch diese Maschinen mussten gebraucht von den sowjetischen Streitkräften übernommen werden, da sie in der UdSSR nicht mehr produziert wurden.
Äußerlich unterschied sich die MiG-19PM von der MiG-19S durch das Radargerät RP-2U und den Wegfall des langen Staurohrs am Bug. Als Waffen konnte die MiG-19PM vier leitstrahlgelenkte Raketen des Typs RS-2U (AA-1 Alkali) mitführen. Auf die drei feuerstarken NR-30 Maschinenkanonen, die bei der MiG-19S noch die Hauptbewaffnung darstellten, hatte man bei der MiG-19PM verzichtet um das zusätzliche Gewicht des Radargerätes zu

Die MiG-19PM war an ihrem Radar im Rumpfbug zu erkennen. Wie die MiG-19S war auch die PM in der NVA nicht sonderlich erfolgreich.

kompensieren. Damit war die MiG-19PM zu einem reinen Abfangjäger geworden. Im Truppendienst erwies sich das Radargerät RP-2U als störanfällig, was bedingt durch die schwierige Ersatzteillage zu einer äußerst niedrigen Einsatzbereitschaft der MiG-19PM-Staffel führte. Sie lag noch unterhalb des bereits schlechten Klarstandes der MiG-19S-Staffel. Die notorische Unzuverlässigkeit der MiG-19 war ausschlaggebend dafür, dass die Pläne zur Beschaffung weiterer Maschinen aufgegeben wurden. Das ursprünglich für die MiG-19 vorgesehene Jagdfliegergeschwader JG-8 wurde mit

Einsatzzeitraum	1959 – 1969
Abmessungen	
Spannweite	9,00 m
Länge	13,50 m
Höhe	3,88 m
Flügelfläche	25,16 m²
Massen	
Leermasse	5.272 kg
Startmasse	7.600 kg
max. Startmasse	9.100 kg
max. Waffenlast	1.000 kg
Treibstoffmenge	2.130 l + 2 x 760 l-Zusatzbehälter
Antrieb	2 x RD-9B
Schub	25,48 kN trocken
	32,34 kN Nachbrenner
Flugleistungen	
Höchstgeschwindigkeit	1.445 km/h in 10.000 m
Marschgeschwindigkeit	950 km/h
Aktionsradius	650 km
Gipfelhöhe	16.800 m
Steiggeschwindigkeit	105 m/s
Bewaffnung	
Waffenstationen	4 x RS-2U
	2 x 760 l-Zusatzbehälter

der MiG-21F-13 ausgerüstet. Auch im JG-3 begann sich langsam das Ende der NVA MiG-19 abzuzeichnen. 1962 trafen die ersten MiG-21F-13 ein, 1963 gab es nur noch eine MiG-19 Staffel. Im Mai 1969 wurde die letzte MiG-19 außer Dienst gestellt.

MiG-21F-13 (Fishbed C)

Die MiG-21F-13 war der erste Mach 2-Jäger der NVA. Sie galt als ein robustes und zuverlässiges Flugzeug und war bei ihren Piloten beliebt. Die MiG-21F-13 war schnell, für ihre Zeit hochbeweglich und bekannt für ihre leichte Steuerbarkeit. Im Vietnamkrieg zeigte die MiG-21F-13, dass sie jedes amerikanische Kampfflugzeug ausmanövrieren konnte. Dank ihres guten Masse-Leistungs-Verhältnisses und einer hervorragenden aerodynamischen Gestaltung besaß die MiG-21F-13 ein gutes Beschleunigungsvermögen und eine akzeptable Steigleistung. Sie war ein verhältnismäßig kleines Flugzeug, so dass sie im Direktanflug vom Gegner nur schwer zu entdecken war. Dieser unbestreitbare Vorteil war mit dem Handikap verbunden, nur einen begrenzten Treibstoffvorrat zu besitzen, so dass die Reichweite der MiG-21F-13 im Vergleich zu westlichen Jagdflugzeugen recht bescheiden war.

Bewaffnet war die MiG-21F-13 mit einer NR-30-Kanone. Sie konnte zwei wärmesuchende Raketen des Typs K-13 (R-3S, AA-2 Atoll), Bomben und ungelenkte Raketen mit sich führen. Ihr größter Schwachpunkt war das Fehlen eines Funkmessvisiers.

Die MiG-21F-13 wurde zum Flugzeug der Wahl für die NVA nachdem sich ihre Vorgängerin MiG-19 im Truppendienst nicht bewährt hatte. 1962 beschaffte die NVA die ersten 24 MiG-21F-13. Im Folgejahr kamen 30 und danach noch einmal 22 Maschinen hinzu. Sie dienten zunächst in drei Jagdfliegergeschwadern. Als modernere Nachfolgeversionen zugeführt werden konnten, wurde die MiG-21F-13 zunächst zum Jagdfliegerausbildungsgeschwader 15 abgegeben. Später rüstete man mit ihr auch die taktische Aufklärungsfliegerstaffel in Preschen aus. Dort blieb die MiG-21F-13 bis 1985 im Dienst.

Ein langer schlanker Rumpf, Deltatragflächen und ein kleiner Konus in der Nase zeichneten die MiG-21F-13 aus.

Die Hauptwaffe im Luftkampf war die Rakete R-3S. Foto: Luftwaffenmuseum BW

Die F-13 wurde in den 80er-Jahren auch als Schein-DHS genutzt. Foto: H.Rendel

Das Flugzeug, das der erste deutsche Raumfahrer, Sigmund Jähn, einst flog.

Die MiG-21F-13 war eine elegante Schönheit, auch wenn das Triebwerk zunächst Schwierigkeiten bereitete.

Von vorn war die F-13 sehr klein und deshalb im Luftkampf schwer zu entdecken.

Einsatzzeitraum	1962 – 1985
Abmessungen	
Spannweite	7,15 m
Länge	15,76 m
Höhe	4,10 m
Flügelfläche	22,95 m²
Massen	
Leermasse	4.871 kg
Startmasse	7.110 kg
max. Startmasse	8.386 kg
max. Waffenlast	1.000 kg
Treibstoffmenge	2.470 l + 1 x 490 l-Zusatzbehälter
Antrieb	1 x R-11F-300 (37F)
Schub	38,25 kN trocken
	53,39 kN Nachbrenner

Flugleistungen	
Höchstgeschwindigkeit	2.125 km/h in 12.500 m
Marschgeschwindigkeit	1.100 km/h
Aktionsradius	600 km
Gipfelhöhe	19.000 m
Steiggeschwindigkeit	180 m/s
Bewaffnung	
Bordkanone	1 x 30 mm NR-30, 60 Schuss
Waffenstationen	2 x R-3S (K-13, AA-2 Atoll)
	2 x 500 kg-Bomben
	2 x Raketenbehälter UB-16
	1 x Zusatzbehälter 490 l

MiG-21PF / PFM (Fishbed D)

Die Schwächen der MiG-21F-13 lagen in einer geringen Reichweite, einer geringen Waffenlast und im Fehlen eines Radargerätes. Mit der MiG-21PF (isdelije 76) wurden zwei dieser Schwächen beseitigt. Das Flugzeug erhielt einen zusätzlichen Rumpfrückentank in einer Verdickung direkt hinter dem Cockpit. Weiterhin wurde der Rumpfbug überarbeitet um Platz für das Radargerät RP-21 zu schaffen. Dieses Radar hatte eine maximale Auffassentfernung von 20 km (16 m^2-Ziel) und war in der Lage die Rakete RS-2US (AA-1 Alkali) ins Ziel zu leiten.
Um Gewicht zu sparen verzichtete man bei der MiG-21PF, dem Geist der Zeit entsprechend, auf eine Kanonenbewaffnung.
Die NVA beschaffte im Frühjahr 1964 ihre ersten MiG-21PF. Die 1965 gelieferten Maschinen hatten ab Werk bereits einige Verbesserungen am Radar und der Elektroausrüstung. Deshalb wurden sie in der NVA als MiG-21PFM bezeichnet. Eine andere interne Bezeichnung lautete Flugzeug 76. Im Laufe der Zeit wurden

Schmales Seitenleitwerk und einteiliges nach vorn öffnendes Cockpitdach waren Erkennungsmerkmale der MiG-21PFM.

Alarmstart einer MiG-21PFM im Diensthabenden System (DHS). Foto: Luftwaffenmuseum BW

alle PF auf den PFM-Standard modernisiert. Da die Bewaffnung mit lediglich zwei Luftkampfraketen als zu schwach angesehen wurde, beschaffte die DDR aus Polen Doppelstartschienen »Monsun« für die Rakete R-3S (AA-2 Atoll). So konnten die MiG-21PF der NVA mit vier statt zwei Raketen bewaffnet werden. Weitere Modifikationen folgten im Laufe der Jahre.
Im Zeitraum von 1964 und 1965 beschaffte die NVA insgesamt 48 MiG-21PF, die zunächst in den Jagdfliegergeschwadern JG-8 und JG-1 eingesetzt wurden. Später wurden sie auch in den Geschwadern JG-2 und JG-9 verwendet. Die MiG-21PF blieb bis 1988 im Truppendienst. Einige Maschinen wurden 1989 im Flugzeugwerk Dresden für den Verkauf an den Iran vorbereitet, jedoch nicht mehr ausgeliefert.

Ausstellungsstück in Gatow: Ein Pilot im Höhenschutzanzug vor seiner PF.

Die Abweiserbleche unter den Startklappen wurden im Laufe der Jahre nachgerüstet (direkt unterhalb der Tragflächenwurzel zu sehen). Sie verhinderten das Ansaugen und Eindringen von Fremdkörpern auf der Startbahn.

Ein Paar MiG-21PFM beim Angriff auf Seeziele. Foto: Luftwaffenmuseum BW

Einsatzzeitraum	1962 – 1985
Abmessungen	
Spannweite	7,15 m
Länge	14,50 m
Höhe	4,12 m
Flügelfläche	22,95 m²
Massen	
Leermasse	5.227 kg
Startmasse	7.775 kg
max. Startmasse	9.080 kg
max. Waffenlast	1.000 kg
Treibstoffmenge	2.750 l + 1 x 490 l-Zusatzbehälter
Antrieb	1 x R-11F2-300
Schub	38,26 kN trocken
	60,05 kN Nachbrenner

Flugleistungen	
Höchstgeschwindigkeit	2.175 km/h in 12.500 m
Marschgeschwindigkeit	1.200 km/h
Aktionsradius	400 km
Gipfelhöhe	19.900 m
Steiggeschwindigkeit	180 m/s
Bewaffnung	
Waffenstationen	2 x R-3S (K-13, AA-2 Atoll)
	2 x RS-2US (AA-1 Alkali)
	2 x 500 kg-Bomben
	2 x Raketenbehälter UB-16
	1 x Zusatztank 490 l
später nachgerüstet:	Doppelstartschiene für 4 x R-3S

MiG-21SPS / SPS-K (Fishbed-F)

Da die Bezeichnung PFM von der NVA bereits benutzt wurde, stand man vor einem Problem, als die Sowjetunion eine andere Version mit der gleichen Bezeichnung lieferte. Da die neue MiG-21PFM (isdelije 94) mit einem SPS genannten System zum Anblasen der Grenzschicht ausgerüstet war, wurde SPS in der NVA zum Synonym für das Flugzeug 94.
Die MiG-21SPS war mit einer Reihe von Verbesserungen ausgestattet. Dazu zählte das bereits erwähnte SPS, das die Landegeschwindigkeit deutlich reduzierte. Der neue Schleudersitz KM erhöhte die Sicherheit des Piloten. Das Flugzeug erhielt ein zweiteiliges Kabinendach, der bewegliche Teil öffnete nun nach rechts. Das Seitenleitwerk wurde vergrößert und beherbergte in seiner Wurzel den Bremsschirmcontainer. Als erste MiG-21-Version konnte die SPS mit Starthilfsraketen ausgerüstet werden. Da sich im Vietnamkrieg gezeigt hatte, dass die Bordkanone, entgegen aller Vorhersagen, eine für ein Jagdflugzeug unverzichtbare Waffe darstellte, wurde mitten in der Produktion der Serie die Möglichkeit geschaffen, einen Kanonenbehälter GP-9 mitzuführen. Die so vorbereiteten Flugzeuge nannte man in der NVA SPS-K.
Die ersten MiG-21SPS erhielt die NVA 1966. Die SPS-K kam Ende 1967. Insgesamt wurden 128 Maschinen in Dienst gestellt und einige verblieben dort bis zum Ende der DDR.
Die MiG-21SPS/SPS-K wurden im Laufe der Zeit oft modernisiert, um die Kampfkraft und Flugsicherheit zu erhöhen. Ein Periskop auf dem Kabinendach sorgte für eine bessere Sicht nach hinten. Abwei-

Zwei SPS beim Start. Foto: Sammlung Magarin

serbleche unter den Startklappen verhinderten das Ansaugen von Fremdkörpern und Eindringen von Pulvergasen ins Triebwerk. Doppelstartschienen erhöhten die Zahl der Raketen. Die wichtigste Modernisierung war aber die Umrüstung auf die neue Luftkampfrakete R-60 (AA-8 Aphid).

Breites Seitenleitwerk, Kanonenbehälter und das Cockpitdach öffnet nach rechts. Dieses Flugzeug ist eindeutig eine SPS-K.

Die Vorstartlinie der MiG-21SPS. Foto: Sammlung Magarin

Der Weiße Hai. Die letzte MiG-21SPS der NVA. Foto: Sammlung Magarin

Der Kanonenbehälter GP-9 beherbergt die GScha-23 mit 200 Schuss.

Die Waffe für schlechte Wetterbedingungen: Rakete RS-2US

Das Cockpit der SPS-K.

Die Sicht des Piloten einer SPS-K war ziemlich begrenzt.

Einsatzzeitraum	1966 – 1990
Abmessungen	
Spannweite	7,15 m
Länge	14,50 m
Höhe	4,12 m
Flügelfläche	22,95 m²
Massen	
Leermasse	5.411 kg
Startmasse	7.775 kg
max. Startmasse	9.080 kg
max. Waffenlast	1.000 kg
Treibstoffmenge	2.680 l + 1 x 490 l-Zusatzbehälter
Antrieb	1 x R-11F2S-300
Schub	38,26 kN trocken
	60,60 kN Nachbrenner
Flugleistungen	
Höchstgeschwindigkeit	2.175 km/h in 12.500 m
Marschgeschwindigkeit	1.200 km/h
Aktionsradius	400 km
Gipfelhöhe	19.000 m
Steiggeschwindigkeit	190 m/s
Bewaffnung	
Waffenstationen	2 x R-3S oder R-60
	2 x RS-2US (AA-1 Alkali)
	2 x 500 kg-Bomben
	2 x Raketenbehälter UB-16
	1 x Zusatztank 490 l
später nachgerüstet:	Doppelstartschiene für 4 x Raketen R-3S oder R-60
für SPS-K	Kanonenbehälter GP-9 mit Kanone GScha-23 200 Schuss

MiG-21M (Fishbed G)

Ein Schwachpunkt aller MiG-21-Versionen der ersten und zweiten Generation war ihre geringe Reichweite. Als in der UdSSR eine spezielle Aufklärerversion entwickelt wurde, setzte man zur Reichweitensteigerung auf einen vergrößerten Rumpfrückentank. Aus diesem Flugzeug leitete man die MiG-21S ab, die das erste Flugzeug der dritten MiG-21-Generation wurde. Dieses Flugzeug blieb jedoch den sowjetischen Truppen vorbehalten. Die Verbündeten mussten sich mit der MiG-21M, einer entfeinerten Variante der S begnügen.
Die MiG-21M unterschied sich äußerlich um einiges von ihren Vorgängern. Sie hatte einen langen Rumpfrückentank, verfügte über vier Waffenpylone unter den Tragflächen und eine 23 mm-Zwillingskanone GScha-23. Somit hatte sie eine bedeutend größere Kampfkraft, wenn es darum ging Bodenziele zu attackieren. Auf der anderen Seite war sie 500 kg schwerer als die SPS und gar eine Tonne schwerer als die MiG-21F-13. Da die Triebwerksleistung gleich geblieben war, verfügte die MiG-21M nicht über die gleiche Agilität wie ihre leichteren Vorgängerinnen. Sie wurde deshalb von den Piloten der NVA nicht sonderlich geschätzt.
Die NVA beschaffte von 1968 bis 1970 87 MiG-21M. Sie blieben bis zum Ende der DDR im Einsatz. Die MiG-21M wurde im Laufe der Zeit modernisiert. Sie erhielt Abweiserbleche unter den Startklappen, eine Umrüstung auf die Rakete R-60 (AA-8 Aphid), sowie zum Teil ein Periskop auf dem Kabinendach. Viele MiG-21M wurden auf das stärkere Triebwerk R-13-300 umgerüstet, welches bei der Nachfolgeversion MiG-21MF Standard war.

Ein durchgehender langer Rückentank und die eingebaute Bordkanone waren Merkmale der MiG-21M. Foto: Baumann

Dieser MiG-21M-Aufklärer trägt einen in der DDR entwickelten Aufklärungsbehälter unter der Tragfläche. Foto: Baumann

Eine MiG-21M rollt zum Start. Foto: Sammlung Wegerich

Jetzt geht's los! Foto: Baumann

Der Start mit Starthilfsraketen SPRD-99 war immer wieder spektakulär. Foto: Sammlung Paatz

Sekunden vor dem Aufsetzen. Foto: Baumann

Eine andere MiG-21M bei der Landung. Foto: Baumann

Landung mit Bremsschirm. Foto: Baumann

Einsatzzeitraum	1968 – 1990
Abmessungen	
Spannweite	7,15 m
Länge	14,50 m
Höhe	4,12 m
Flügelfläche	22,95 m²
Massen	
Leermasse	5.950 kg
Startmasse	8.950 kg
max. Startmasse	9.400 kg
max. Waffenlast	2.000 kg
Treibstoffmenge	2.750 l + 1 – 3 x 490 l-Zusatzbehälter
Antrieb	1 x R-11F2S-300
Schub	38,26 kN trocken
	60,60 kN Nachbrenner
Flugleistungen	
Höchstgeschwindigkeit	2.230 km/h in 12.500 m
Marschgeschwindigkeit	1.200 km/h
Aktionsradius	450 km
Gipfelhöhe	18.500 m
Steiggeschwindigkeit	160 m/s
Bewaffnung	
Bordkanone	GScha-23 mit 200 Schuss
Waffenstationen	4 x R-3S oder R-60
	4 x RS-2U (AA-1 Alkali)
	4 x 500 kg-Bomben
	4 x Raketenbehälter UB-32
	1 – 3 x Zusatzbehälter 490 l
	1 x Zusatzbehälter 800 l
später nachgerüstet:	Doppelstartschiene für 4 x Raketen R-3S oder R-60

MiG-21MF (Fishbed J)

Die MiG-21MF war die entfeinerte Exportversion der MiG-21SM. Sie entstand auf Grund der ersten Kriegserfahrungen in Vietnam und dem Nahen Osten und hatte vom Werk aus bereits viele Komponenten, die bei ihren Vorgängerinnen erst nachgerüstet werden mussten, wie z.B. das Periskop auf dem Kabinendach usw. Das stärkere Triebwerk R-13-300 sowie ein verbessertes Radar machten die MiG-21MF kampfstärker. Die optische Visiereinrichtung war ebenfalls überarbeitet worden. Die MiG-21MF erlebte im Vietnamkrieg ihre Feuertaufe und schlug sich auch während des arabisch-israelischen Oktoberkriegs achtbar.

Die NVA erhielt ab Februar 1972 ihre im Flugzeugwerk Moskau gebauten MiG-21MF. Diese Version war die erste, die vom Werk aus mit einer Tarnbemalung versehen war. Im Soldatenjargon wurde das Kürzel MF als »Mit Farbe« gedeutet. Bis 1975 wurden 62 Maschinen dieses Typs geliefert. Die letzten zwölf Exemplare kamen mit einer ungewöhnlichen graublauen Tarnung und vietnamesischen Hoheitszeichen in der DDR an. Diese Flugzeuge stammten aus dem sonst nur für die sowjetischen Truppen arbeitenden Flugzeugwerk Gorki und zeichneten sich durch eine bessere Verarbeitung aus. In der NVA wurden sie als MF75 bezeichnet.

Die MiG-21MF flog zunächst im Jagd-

Ein Periskop auf der Kanzel und ein neues Triebwerk zeichneten die MF aus.

fliegergeschwader JG-8, später kam sie auch in den Geschwadern JG-1, JG-3 und JG-9 zum Einsatz. Im Diensthabenden System (DHS) des Warschauer Vertrages eingesetzt, trugen die MiG-21MF neben einem Zusatztank, zwei Raketen des Typs RS-2U (AA-1 Alkali) und zwei des Typs R-3S (AA-2 Atoll). In den 80er-Jahren wurde die R-3S durch die modernere R-13M (AA-2D Atoll) ersetzt.
Die MiG-21MF galt als ein zuverlässiges und robustes Flugzeug. Sie diente bis zum Ende der DDR in den Jagdfliegergeschwadern der NVA.

Eine MiG-21MF rollt an den an der VLS aufgestellten SPS vorbei. Foto: Sammlung Magarin

Zwei MiG-21MF des JG-1 im Flug. Foto: Sammlung Magarin

Landeanflug nach Übungseinsatz mit ungelenkten Raketen. Foto: Baumann

MiG-21MF Vorstartlinie des JG-3. Foto: Sammlung Wegerich

Das JG-8 steht zum Geschwaderstart bereit. Foto: Sammlung Wegerich

Einsatzzeitraum	1972 – 1990
Abmessungen	
Spannweite	7,15 m
Länge	14,50 m
Höhe	4,12 m
Flügelfläche	22,95 m²
Massen	
Leermasse	5.450 kg
Startmasse	8.250 kg
max. Startmasse	9.400 kg
max. Waffenlast	2.000 kg
Treibstoffmenge	2.600 l + 1 – 3 x 490 l-Zusatzbehälter
Antrieb	1 x R-13-300
Schub	40,26 kN trocken
	64,80 kN Nachbrenner

Flugleistungen	
Höchstgeschwindigkeit	2.230 km/h in 12.500 m
Marschgeschwindigkeit	1.250 km/h
Aktionsradius	500 km
Gipfelhöhe	19.000 m
Steiggeschwindigkeit	180 m/s
Bewaffnung	
Bordkanone	GScha-23 mit 200 Schuss
Waffenstationen	4 x R-3S oder R-13M
	4 x RS-2US (AA-1 Alkali)
	4 x 500 kg-Bomben
	4 x Raketenbehälter UB-32
	1 – 3 x Zusatzbehälter 490 l
	1 x Zusatzbehälter 800 l

MiG-21bis Lasur (Fishbed L)

Die MiG-21bis gilt als Vertreter der 4. MiG-21-Generation. Sie wurde entwickelt, um die sich auftuende Leistungslücke zu den sich damals in der Entwicklung befindlichen neuen amerikanischen Jagdflugzeugen F-15 und F-16 zu verringern. Obwohl sie sich äußerlich kaum von der MiG-21MF unterschied, war die MiG-21bis doch ein grundlegend verbessertes Jagdflugzeug. Die Zelle der MiG-21bis war gründlich überarbeitet worden. Sie bestand nun aus Gewichts- und Festigkeitsgründen zum großen Teil aus Titan. Somit war die MiG-21bis leichter und stärker als ihre Vorgänger. Das neue Triebwerk R-25-300 lieferte ca. 10% mehr Schub, was Steigleistung und Agilität zu Gute kam. Darüber hinaus gab es bei diesem Triebwerk ein sogenanntes Sonderregime für den Einsatz bis zu 4.000 m Höhe, bei dem die Schubkraft dramatisch erhöht wurde. Die MiG-21bis konnte unter Einsatz dieses Regimes phantastische 225m/s steigen und war damit sogar einer F-16A im vertikalen Gefecht gewachsen. Neu war, zumindest für die NVA, das Radar RP-22. Es hatte eine auf 30 km gesteigerte Reichweite (16 m²-Ziel) und konnte die Rakete R-3R (AA-2 Advanced Atoll) ins Ziel steuern, dafür war die alte RS-2US nicht mehr einsetzbar. Das RP-22 war auch in der Lage, die Entfernung zu Bodenzielen zu bestimmen. Die Waffenpalette der MiG-21bis war um die Rakete R-13M bereichert worden.

1975 beschaffte die NVA ihre ersten 14 MiG-21bis Lasur. Diese Flugzeuge waren mit der Datenübertragungsanlage Lasur-M (Data-Link) ausgerüstet. Mit Lasur-M

Ein neues Triebwerk und ein verbreiterter Rumpfrückentank waren Merkmale der MiG-21bis Lasur. Foto: JG-8

konnte die Bodenleitstelle unter Umgehung des Sprechfunks Befehle an den Piloten der MiG übermitteln, um ihn an sein Ziel zu leiten. Dazu wurden mittels eines gegen elektronische Störungen gesicherten Kanals kodierte Signale übermittelt und die entsprechenden Befehle im Cockpit des Flugzeugs angezeigt.

VSL des JG-8 mit seinen MiG-21bisSAU und Lasur. Foto: H.Rendel

Zur Aufmunitionierung wird die GScha-23-Bordkanone abgesenkt Foto: H.Rendel

Das sicherste äußere Unterscheidungsmerkmal zwischen den Versionen MF und bis war der Übergang des Rumpfrückens ins Seitenleitwerk. Das obere Bild zeigt die MF, das untere die bis.

Die GScha-23 im ausgebauten Zustand.

Einsatzzeitraum	1975 – 1990
Abmessungen	
Spannweite	7,15 m
Länge	14,50 m
Höhe	4,12 m
Flügelfläche	22,95 m²
Massen	
Leermasse	5.350 kg
Startmasse	7.960 kg
max. Startmasse	9.500 kg
max. Waffenlast	2.000 kg
Treibstoffmenge	2.755 l + 1 – 3 x 490 l-Zusatzbehälter
Antrieb	1 x R-25-300
Schub	40,26 kN trocken
	73,60 kN Nachbrenner
	95,00 kN Sonderregime

Flugleistungen	
Höchstgeschwindigkeit	2.230 km/h in 12.500 m
Marschgeschwindigkeit	1.250 km/h
Aktionsradius	500 km
Gipfelhöhe	22.000 m
Steiggeschwindigkeit	195 m/s
	225 m/s im Sonderregime
Bewaffnung	
Bordkanone	GScha-23 mit 250 Schuss
Waffenstationen	4 x R-13M oder R-60
	4 x R-3R
	4 x 500 kg-Bomben
	4 x Raketenbehälter UB-32
	1 – 3 x Zusatzbehälter 490 l
	1 x Störbehälter SPS-141
	Doppelstartschienen für R-60

MiG-21bisSAU (Fishbed N)

Die zweite Variante der MiG-21bis hatte ein automatisches Flugsteuerungssystem (Sistem Awtomatischeskowo Uprawlenija, kurz SAU). Mit diesem System war es möglich, mehrere Wegpunkte und Ausweichflugplätze automatisch anzusteuern. Ein automatischer Landeanflug war bis zu 40 m Höhe durchführbar.
Da der Pilot lediglich die letzten Meter steuern musste, war die MiG-21bisSAU auch bei widrigsten Wetterbedingungen einsetzbar. Äußerlich war die MiG-21bis-SAU an den pfeilförmigen Antennen unter dem Lufteinlauf und am Seitenleitwerk von der Lasur zu unterscheiden. Von der MiG-21MF unterschied sie sich weiterhin äußerlich durch den langgestreckten Rumpfrückentank, der bis in das Seitenleitwerk hineinreichte. Ein Schwachpunkt der MiG-21MF bestand darin, dass ihr Kraftstoffsystem nicht den gesamten Treibstoffvorrat des Rückentankes nutzen konnte. Deshalb war das Kraftstoffsystem bei der MiG-21bis grundlegend überarbeitet worden, was zu einem veränderten Design des Rumpfrückentanks führte. 1976 erhielt die NVA ihre ersten von 32 MiG-21bisSAU und setzte sie im Jagdfliegergeschwader JG-9, später im JG-8 ein. Die Anfang 1977 gelieferten Maschinen waren ursprünglich für Kuba bestimmt und hatten einige veränderte Ausrüstungsdetails. Sie wurden in der NVA als Kuba-Variante bezeichnet.
Genau wie die MiG-21bis Lasur wurde auch die MiG-21bisSAU modernisiert. Sie bekam die Möglichkeit, den Störsender SPS-141 mitzuführen, erhielt die Doppelstartschiene »Monsun« und wurde zur Nutzung der Nahluftkampfrakete R-60M (AA-8 Aphid) vorbereitet.
1990 wurden 47 MiG-21bis beider Versionen durch die Bundeswehr übernommen. Vermutungen, dass einige dieser Maschinen an Kroatien weitergegeben wurden und dort im Jugoslawienkrieg zum Einsatz kamen, bestätigten sich nicht.

Die Antennen des Systems SAU an Bug und Seitenleitwerk waren Erkennungsmerkmale der MiG-21bisSAU. Foto: Baumann

Die MiG-21bisSAU war die modernste MiG-21-Version der NVA. Foto: Baumann

Die Techniker des JG-8 bei der Arbeit an ihrer MiG. Foto: H.Rendel

MiG-21bisSAU mit BW-Kennungen im Museum Gatow.

Die Bugantenne des Systems SAU, das dieser MiG-21-Version den Namen gab.

SAU-Antenne am Seitenleitwerk.

Einsatzzeitraum	1976 – 1990
Abmessungen	
Spannweite	7,15 m
Länge	14,50 m
Höhe	4,12 m
Flügelfläche	22,95 m²
Massen	
Leermasse	5.350 kg
Startmasse	7.960 kg
max. Startmasse	9.500 kg
max. Waffenlast	2.000 kg
Treibstoffmenge	2.755 l + 1 – 3 x 490 l-Zusatzbehälter
Antrieb	1 x R-25-300
Schub	40,26 kN trocken
	73,60 kN Nachbrenner
	95,00 kN Sonderregime
Flugleistungen	
Höchstgeschwindigkeit	2.230 km/h in 12.500 m
Marschgeschwindigkeit	1.250 km/h
Aktionsradius	500 km
Gipfelhöhe	22.000 m
Steiggeschwindigkeit	195 m/s
	225 m/s im Sonderregime
Bewaffnung	
Bordkanone	GScha-23 mit 250 Schuss
Waffenstationen	4 x R-13M oder R-60
	4 x R-3R
	4 x 500 kg-Bomben
	4 x Raketenbehälter UB-32
	1 – 3 x Zusatzbehälter 490 l
	1 x Störbehälter SPS-141
	Doppelstartschienen für R-60

MiG-23MF (Flogger B)

Das Mehrzweckjagdflugzeug MiG-23 entstand Mitte der 60er-Jahre. Entsprechend der damaligen Doktrin sah man im Schwenkflügelkonzept die ideale Lösung für ein Jagdflugzeug. Mit weitgespreizten Tragflächen hatte die Maschine gute Langsamflug- und Landeeigenschaften. Mit in mittlerer Position befindlichen Tragflächen war sie in der Lage, sich im Kurvenkampf zu behaupten und mit voll zurückgeschwenkten Flügeln konnte sie sich auf Hochgeschwindigkeitsverfolgungsjagd begeben. Der Nachteil des Schwenkflügelkonzepts lag im komplizierten, wartungsaufwändigen und schweren Schwenkmechanismus.

Die MiG-23MF verfügte über ein hochentwickeltes Radar- und Feuerleitsystem. Sie konnte Luftziele auf 50 km erfassen und im Gegenkursabfangmanöver bekämpfen. Als erstes Flugzeug der NVA hatte die MiG-23MF die Fähigkeit, Ziele vor dem Erdhintergrund zu entdecken (sog. »Look Down – Shoot Down«). Mit Hilfe des Infrarotsensors TP-23 konnte die MiG-23MF ein Ziel verfolgen, ohne sich durch die Emission von Radarstrahlen zu enttarnen. Bewaffnet war die MiG-23MF mit einer Bordkanone GScha-23L und verschiedenen Luftkampfraketen. Unter den Tragflügelwurzeln führte sie zwei radargelenkte Raketen des Typs R-23R oder infrarotgelenkte R-23T mit. Bei der MiG-23MF war die Mitführung einer gemischten Bewaffnung von R-23R und R-23T nicht möglich. Unter dem Rumpf

Diese MiG-23MF steht im Luftwaffenmuseum Gatow.

trug die MiG-23MF zwei Infrarotraketen R-3S (AA-2 Atoll). Als Jagdbomber war die MiG-23MF in der Lage, ungelenkte Bomben und Raketen einzusetzen. Die gelenkte Rakete Cha-23 (AS-7 Kerry) wurde bei den MiG-23MF der NVA nicht genutzt. Die NVA erhielt 1978 zwölf MiG-23MF, die bis zum Ende der DDR im Einsatz standen. Sie galten als gute und zuverlässige Maschinen, jedoch nicht als begnadete Kurvenkämpfer.

Ansicht von rechts: gut zu erkennen der Knick im Seitenleitwerk.

Heckpartie mit eingeklappter Kielflosse und Luftbremsen.

Ansicht von links hinten, gut zu sehen die zurückgeschwenkten Tragflächen.

Das Profil der MIG 23 MF.

Der Wärmepeiler der MF hatte nur zwei Fenster, der der ML hatte drei.

Einsatzzeitraum	1978 – 1990
Abmessungen	
Spannweite	7,78 m – 13,96 m
Länge	17,18 m
Höhe	4,82 m
Flügelfläche	34,16 m² – 37,35 m²
Massen	
Leermasse	10.845 kg
Startmasse	15.300 kg
max. Startmasse	18.400 kg
max. Waffenlast	2.000 kg
Treibstoffmenge	4.700 l + 1 – 3 x 800 l-Zusatzbehälter
Antrieb	1 x R-29-300
Schub	81,35 kN trocken
	122,50 kN Nachbrenner
Flugleistungen	
Höchstgeschwin-digkeit	2.500 km/h in 11.000 m

Marschgeschwin-digkeit	1.200 km/h
Aktionsradius	600 km
Gipfelhöhe	17.500 m
Steiggeschwindig-keit	131 m/s
Bewaffnung	
Bordkanone	GScha-23 mit 200 Schuss
Waffenstationen	2 x R-23R oder R-23T
	2 x R-3S, später R-60
	4 x 500 kg-Bomben
	4 x Raketenbehälter UB-32
	1 – 3 x Zusatzbehälter 800 l
	Doppelträger für R-60

MiG-23ML (Flogger G)

Als sich in lokalen Kriegen abzeichnete, dass die Zeit des Manöverluftkampfs, trotz aller gegenteiligen Annahmen, doch nicht zu Ende war, wurde die MiG-23 grundlegend modernisiert und einer Gewichtsreduktion unterzogen. Zunächst wurde ein neues Triebwerk eingebaut. Das R-35-300 war stärker, verbrauchte aber bedeutend weniger Treibstoff. So konnte auf den Tank im Rumpfheck verzichtet werden. Das Seitenleitwerk wurde gekürzt, das Fahrwerk überarbeitet. Das Bugfahrwerk kürzte man, so dass die MiG-23ML eine wesentlich waagerechtere Lage beim Rollen auf der Startbahn hatte. Sie war nun auch für den Betrieb auf Rasenpisten zugelassen, was in der NVA jedoch nicht praktiziert wurde. Das Waffenkontrollsystem wurde ebenfalls verbessert und für den Manöverluftkampf in mittleren Höhen optimiert. Die maximale Auffassentfernung des Radars stieg auf 60 km (85 km nach anderer Quelle). Die MiG-23ML war in der Lage, radargelenkte R-23R und infrarotgelenkte R-23T-Raketen in gemischter Bewaffnung mitzuführen. Eine

Ansicht von links, die Unterflügeltanks wurden im Einsatz selten benutzt.

Umrüstung auf die modernere Rakete R-24 war für die 90er-Jahre geplant, wurde jedoch nur in geringer Stückzahl realisiert. Unter dem Rumpf konnte die MiG-23ML infrarotgelenkte Raketen an Einzel- oder Doppelstartschienen tragen. In der NVA wurden die MiG-23ML in der Regel mit einem Doppel- und einem Einzelträger bestückt, so dass sie drei Raketen R-60 einsetzen konnten. Durch die konsequente Leichtbauweise war die MiG-23ML fast 1,5 Tonnen leichter als die MiG-23MF. Sie war deshalb im Luftkampf auch bedeutend wendiger.

1982/83 beschaffte die NVA 32 MiG-23ML und setzte sie im Jagdfliegergeschwader JG-9 ein. Sie verblieben bis zum Ende der DDR im Einsatz. Nach der Wende gab die Bundeswehr zwölf MiG-23ML an die US-Luftstreitkräfte ab, wo sie als Feinddarstellungsflugzeuge verwendet wurden.

Blick von links hinten, gut zu erkennen ist das kurze Seitenleitwerk im Vergleich zur MF.

Ansicht von rechts hinten...

...von rechts...

...und von halbrechts vorn.

Der Wärmepeiler der MiG-23ML.

Einsatzzeitraum	1982 – 1990
Abmessungen	
Spannweite	7,78 m – 13,96 m
Länge	16,63 m
Höhe	4,82 m
Flügelfläche	34,16 m² – 37,35 m²
Massen	
Leermasse	8.472 kg
Startmasse	14.800 kg
max. Startmasse	17.800 kg
max. Waffenlast	2.000 kg
Treibstoffmenge	4.300 l + 1 – 3 x 800 l-Zusatzbehälter
Antrieb	1 x R-35-300
Schub	83,87 kN trocken
	127,53 kN Nachbrenner

Flugleistungen	
Höchstgeschwindigkeit	2.500 km/h in 11.000 m
Marschgeschwindigkeit	1.250 km/h
Aktionsradius	700 km
Gipfelhöhe	18.500 m
Steiggeschwindigkeit	152 m/s
Bewaffnung	
Bordkanone	GScha-23 mit 200 Schuss
Waffenstationen	2 x R-23 oder R-24
	2-4 x R-60
	4 x 500 kg-Bomben
	4 x Raketenbehälter UB-32
	1 – 3 x Zusatzbehälter 800 l
	Doppelträger für R-60

MiG-23BN (Flogger F)

Die MiG-23BN war der erste reine Jagdbomber der NVA. In ihrem grundsätzlichen Aufbau war sie mit den Jägerversionen der MiG-23 identisch. Unterschiede ergaben sich durch die veränderte Bugform und das für den Flug in geringer Höhe optimierte Triebwerk. Die MiG-23BN verfügte über das hochkomplexe Navigations- und Angriffssystem Sokol, welches es ermöglichte automatisch einem vorher eingegebenen Kurs zu folgen und die Waffen auszulösen. Zum Selbstschutz war die MiG-23BN mit einem internen Störsender SPS-141 bzw. -142 ausgestattet. Das Cockpit war gepanzert und hielt Beschuss aus 20 mm-Waffen stand. Die Tanks waren selbstdichtend und mit dem System des neutralen Gases (Stickstoff) gegen Explosion und Brand geschützt. Die Bewaffnung der MiG-23BN bestand aus Bomben und Raketen. Sie war in der Lage, Kernwaffen zu tragen. Der Einsatz dieser Waffen wurde durch die Piloten der NVA trainiert. An Lenkwaffen stand lediglich die Rakete Cha-23 (AS-7 Kerry) zur Verfügung, die in keinem sonderlich guten Ruf stand.

Die NVA beschattte von 1979 bis 1981 22 MiG-23BN zum Systempreis von etwa 30 Mio. Mark und stellte sie im Jagdbombenfliegergeschwader JBG-37 in Dienst. Die MiG-23BN galt als robustes und zuverlässiges Flugzeug. Sie war allerdings schwer zu fliegen und verzieh keine Steuerfehler. Teile ihrer Elektronik galten als nicht ausgereift.

Der Hauptschwachpunkt der MiG-23BN war das Fehlen moderner Lenkwaffen, sowie der Umstand, dass sie nicht in der Lage war, Luftkampfraketen zur Selbstverteidigung mitzuführen. Ende der 80er-Jahre versuchte die NVA, die MiG-23BN zu verkaufen und mit Su-25-Schlachtflugzeugen zu ersetzen. Da sich jedoch kein Abnehmer fand, blieb die MiG-23BN bis 1990 im Dienst.

Eine MiG-23BN auf dem Weg zum Start. Foto Baumann

»Pojechali!« Auf geht's! Foto: Baumann

Im Landeanflug – das Fahrwerk wird ausgefahren. Foto: Baumann

»Damoi!« Zu Hause! Sekundenbruchteile vor der Landung. Foto: Baumann

Ein Blick auf die flache Nase und das Fenster des Laser-E-Messers.

Die Panzerung des Cockpits widerstand dem Beschuss von 20 mm-Waffen.

Einsatzzeitraum	1979 – 1990
Abmessungen	
Spannweite	7,78 m – 13,96 m
Länge	16,84 m
Höhe	5,15 m
Flügelfläche	34,16 m² – 37,35 m²
Massen	
Leermasse	10.700 kg
Startmasse	14.500 kg
max. Startmasse	18.850 kg
max. Waffenlast	3.000 kg
Treibstoffmenge	5.380 l + 1 – 3 x 800 l-Zusatzbehälter
Antrieb	1 x R-29B-300
Schub	78,48 kN trocken
	112,81 kN Nachbrenner

Flugleistungen	
Höchstgeschwindigkeit	1.900 km/h in 11.000 m
Marschgeschwindigkeit	1.150 km/h
Aktionsradius	550 km
Gipfelhöhe	16.800 m
Steiggeschwindigkeit	108 m/s
Bewaffnung	
Bordkanone	GScha-23 mit 200 Schuss
Waffenstationen	18 x 100 kg-Bomben
	8 x 250 kg-Bomben
	6 x 500 kg-Bomben
	4 x Raketenbehälter UB-32
	2 x Cha-23-Lenkrakete
	3 x 800 l-Zusatzbehälter

MiG-29 (Fulcrum A)

Die MiG-29 entstand als Antwort auf die neue amerikanische Jagdflugzeuggeneration (F-14,F-15,F-16,F-18). Bei ihrer Konstruktion wurden die neuesten aerodynamischen Erkenntnisse berücksichtigt und sie erhielt zwei schubstarke Triebwerke. So war die MiG-29 Ende der 80er-Jahre in der Lage, jedes westliche Jagdflugzeug im Manöverluftkampf auszustechen. Sie stieg schneller, wendete enger und beschleunigte besser. Ihr Feuerführungssystem umfasste ein weitreichendes Funkmessvisier, einen Wärmepeiler und einen Laser-E-Messer. Die MiG-29 konnte Mittelstreckenluftkampfraketen R-27R1 und Nahluftkampfraketen R-73Ä und R-60M/MK einsetzen. Die Suchköpfe der beiden letztgenannten Raketen, die Antenne des Funkmessvisiers, sowie der Wärmepeiler konnten mittels eines Helmvisiers auf den Luftgegner gerichtet werden und gaben dem MiG-29-Piloten einen entscheidenden Vorteil im Nahluftkampf. Zum Selbstschutz verfügte die MiG-29 über Düppel-und IR-Scheinzielwerfer. Einen eingebauten Störsender hatten die MiG-29 der NVA nicht.
Die MiG-29 war ein überaus kampfstarkes Waffensystem. Ihre Waffen waren erstklassig, ihr Funkmesskomplex ließ sich zum Zeitpunkt ihrer Einführung durch westliche Störsender nicht beeindrucken. Die Schwächen der MiG-29 lagen in ihrer großen Radarrückstrahlfläche (15 m²) und der relativ geringen Reichweite.
Die NVA erhielt ihre ersten MiG-29 am 31. März 1988 zum Stückpreis von etwa 36 Mio. Mark. Bis Januar 1989 wurden 20 Kampfeinsitzer und vier Trainingsflugzeuge MiG-29UB geliefert und im

Doppelseitenleitwerk, zwei Triebwerke und eine elegante Form sind Merkmale der MiG-29. Foto: Baumann

Jagdfliegergeschwader 3 in Dienst gestellt. Die Umrüstung und Umschulung auf das neue Muster erfolgten reibungsloser als bei allen anderen Flugzeugtypen zuvor. Lediglich die Unterbringung in den kleinen für die MiG-21 gebauten Flugzeugbunkern erwies sich als schwierig.
Da die MiG-29 ein weitaus effizienteres Jagdflugzeug darstellte als ihre Vorgänger, war sie durch die bis dahin übliche taktischen Verfahren in ihrer Kampfkraft eingeschränkt. Deshalb war es notwendig, vollkommen neue Verfahren der Luftkampfführung zu erarbeiten und einzuüben. Zum Zeitpunkt der politischen Wende in der DDR befanden sich die MiG-29-Piloten der NVA noch in dieser Übergangsphase. Für 1990 war die Beschaffung von 30 weiteren MiG-29 geplant. Sie wurden jedoch durch die neue Nachwenderegierung nicht mehr abgenommen. Dies stellte sich später als schwerer Fehler heraus, da die MiG-29 als einziges NVA-Kampfflugzeug von der Bundesluftwaffe in Dienst gestellt wurde und sich in NATO-Vergleichen allen westlichen Flugzeugen im Nahluftkampf als überlegen erwies. In ihrer Dienstzeit bei der Bundeswehr wurde die Leistung der Triebwerke der MiG-29 gedrosselt, um ihre Lebensdauer zu verlängern. Weiterhin setzte man wichtige Elemente des Flugzeugs, wie z.B. den Laser-E-Messer, außer Betrieb.
Trotzdem war sie für ihre Bundeswehrpiloten schlicht und einfach das beste Flugzeug, das sie je geflogen hatten. Nicht umsonst nannten sie ihr Flugzeug »Fabulous Fulcrum«!

MiG-29 in den Farben der Bundesluftwaffe.

Die MiG-29 bewaffnet mit R-27R1 und R-73Ä. Foto: Baumann

MiG-29 rollt von der VSL zum Start. Foto: Sammlung Wegerich

An der VSL. Vorbereitung zum Start. Foto: Sammlung Wegerich

Einbiegen auf die SLB. Foto: Baumann

604

Start! Foto: Baumann

Eine geradezu stimmungsvolle Aufnahme. Gut zu erkennen die elegante und moderne Silhouette der MiG-29. Foto: Steininger

Im Landeanflug. Foto: Sammlung Wegerich

Nach dem Flug ist der Bremsschirmbehälter leer. Foto: Sammlung Wegerich

Der letzte Flug der MiG-29 in der NVA. Foto: Greppmeier/Wegerich

Einsatzzeitraum	1988 – 1990
Abmessungen	
Spannweite	11,36 m
Länge	16,28 m
Höhe	4,73 m
Flügelfläche	43,50 m²
Massen	
Leermasse	10.900 kg
Startmasse	14.670 kg
max. Startmasse	18.480 kg
max. Waffenlast	2.300 kg
Treibstoffmenge	4.300 l + 1 x 1.500 l-Zusatzbehälter
Antrieb	2 x R-33D
Schub	2 x 49,90 kN trocken
	2 x 81,40 kN Nachbrenner
Flugleistungen	
Höchstgeschwindigkeit	2.500 km/h in 11.000 m

Marschgeschwindigkeit	1.250 km/h
Aktionsradius	650 km
Gipfelhöhe	18.000 m
Steiggeschwindigkeit	330 m/s
Bewaffnung	
Bordkanone	GScha-30/1 mit 150 Schuss
Waffenstationen	2 x R-27R1-Raketen
	6 x R-73Ä- bzw. R-60-Raketen
	4 x 500 kg-Bomben
	4 x ungelenkte Raketen S-24
	4 x Raketenbehälter für Raketen S-5 oder S-8
	2 x KMGU-Flächenwaffe
	1 x 1.500 l-Zusatzbehälter

Su-22M4 (Fitter K)

Die Su-22M4 war das größte und mit Abstand leistungsstärkste Angriffsflugzeug der NVA. Nachdem die MiG-23BN die Erwartungen nicht erfüllt hatte, wählte die NVA die höchstentwickelte Version der Su-22 zu ihrem neuen Standardjagdbomber. Mitte 1984 begann die Umschulung der ersten Piloten auf die Su-22M4. Die ersten Maschinen trafen im Dezember 1984 ein. In den Folgejahren wurden 48 Kampfeinsitzer und acht Trainer beschafft und im Jagdbombenfliegergeschwader JBG-77, sowie im Marinefliegergeschwader MFG-28 in Dienst gestellt. Da sich die Su-22M4 im Truppendienst bewährte, plante man die Anschaffung weiterer Maschinen, die für die Aufklärungsfliegerstaffeln vorgesehen waren.

Die Su-22M4 war eine mächtige Angriffswaffe mit einer beeindruckenden Bewaffnungspalette. Sie konnte bis zu 20 Bomben transportieren, konnte Brandmittelbehälter, ungelenkte Raketen, Flächenwaffensysteme und computergesteuerte Kanonenbehälter einsetzen. Ihre wichtigsten Waffen waren jedoch präzisionsgelenkte Abstandswaffen, so dass die Su-22M4 in der Lage war, ihre Ziele zu bekämpfen ohne sich in den Wirkungsbereich der gegnerischen Luftabwehr begeben zu müssen. Sie konnte lasergelenkte, fernsehgelenkte, funkleitstrahlgelenkte und Anti-Radar-Raketen der Cha-25-Familie punktgenau ins Ziel bringen. Des Weiteren verfügten die Su-22M4 der NVA über die fernsehgelenkte Rakete Cha-27T zur Schiffsbekämpfung und die weitreichende schwere Anti-Radar-Rakete Cha-58. Zur Selbstverteidigung trug die Su-22M4 Luftkampfraketen vom Typ R-60MK. Sie konnte den Störsender SPS-141 mitführen und war mit Störkörper-

»Susis« beim Besuch in Holzdorf. Foto: Sammlung Magarin

werfern ausgestattet. Es soll insgesamt 258 verschiedene Bewaffnungsvarianten für die liebevoll »Susi« genannte Maschine gegeben haben.
Die Su-22M4 war ein zuverlässiges Flugzeug, das von den Piloten gern geflogen wurde. Ihre Robustheit war legendär.
Es wurde berichtet, dass ihr Triebwerk ohne Probleme Vogelschläge überstand und in einem Fall ein gesamtes Staurohr »gefressen« hat, ohne große Beschädigungen davonzutragen. Bei Beschusstests in der Sowjetunion hatte die Susi ebenfalls hervorragend abgeschnitten. Syrische Su-22 schafften es oft während des Libanonkriegs von 1982 trotz starker Beschädigungen heimzukommen. Ihre Bodenangriffe waren bei israelischen Marschkolonnen gefürchtet.
Die Su-22M4 der NVA wurden zunächst von der Bundeswehr übernommen und in der Erprobungsstelle Manching ausgiebig getestet. In Dienst wurden sie jedoch nicht gestellt, da die Bundesluftwaffe mit dem Tornado IDS über einen eigenen leistungsfähigen Jagdbomber in großer Stückzahl verfügte. Allerdings hatten die Tornados keine Abstands- und Präzisionswaffen und waren deshalb gezwungen sich bei ihren Angriffen in den Bereich der Luftabwehr hineinzuwagen. Britische Tornados mussten mit dieser Taktik während des ersten Golfkriegs von 1991 schmerzhafte Verluste hinnehmen.

Su-22M4 der Marineflieger mit acht Störkörperwerfern. Foto: Baumann

Su-22M4 mit Störcontainer und Aufklärungsbehälter. Foto: Baumann

Eine »Susi« des Jagdbombenfliegergeschwaders 77 ohne Störkörperwerfer. Foto: Baumann

Ein Blick von hinten. Foto: Baumann

Ein kleiner Teil der Waffenpalette vor einer »Susi« im Museum Cottbus.

Einsatzzeitraum	1984 – 1990
Abmessungen	
Spannweite	10,03 m –13,68 m
Länge	19,03 m
Höhe	5,13 m
Flügelfläche	34,45 m² – 38,49 m²
Massen	
Leermasse	10.667 kg
Startmasse	15.230 kg
max. Startmasse	19.430 kg
max. Waffenlast	4.000 kg
Treibstoffmenge	4.590 l + 4 x Zusatzbehälter
Antrieb	1 x AL-21-F3
Schub	76,50 kN trocken
	110,00 kN Nachbrenner
Flugleistungen	
Höchstgeschwindigkeit	1.850 km/h in 11.000 m

Marschgeschwindigkeit	1.200 km/h
Aktionsradius	460 km
Gipfelhöhe	15.200 m
Steiggeschwindigkeit	230 m/s
Bewaffnung	
Bordkanone	2 x NR-30 mit je 80 Schuss
Waffenstationen	2 x R-60MK-Raketen
	6 x Cha-25-Lenkrakete
	2 x Cha-27-Lenkrakete
	2 x Cha-58-Lenkrakete
	20 x Bomben
	4 x 840 / 1.160 l-Zusatzbehälter
	ungelenkte Raketen usw.

MiG-15UTI (Midget)

Die MiG-15UTI war die Trainingsvariante des Jagdflugzeugs MiG-15. Während die Kampfmaschinen recht schnell aus den Staffeln verschwanden, blieb die MiG-15UTI bis in die 80er-Jahre hinein im Truppendienst. Der Grund hierfür war, dass in der Sowjetunion keine Trainingsversionen für die Nachfolgemodelle MiG-17 und MiG-19 entwickelt wurden und somit deren Piloten auf der MiG-15UTI geschult werden mussten. Da die MiG-17-Jagdbomber bis Mitte der 80er-Jahre im LSK-Dienst waren, blieb auch die MiG-15UTI solange in Betrieb.
Die DDR erhielt ihre ersten MiG-15UTI bereits 1953, musste diese jedoch nach den politischen Unruhen des 17. Juni an die Sowjetunion zurückgeben. Mit der Aufstellung der NVA 1956 wurden auch wieder MiG-15UTI beschafft. Die meisten Maschinen kamen aus tschechoslowakischer Produktion, einige wenige wurde direkt von der Sowjetunion übernommen. Insgesamt sollen etwa 80 MiG-15UTI im Dienst der LSK gestanden haben. Sie wurden zunächst sowohl in den Einsatzgeschwadern als auch in den Ausbildungstruppenteilen verwendet. Als ab 1965/66 genügend modernere Trainer zur Verfügung standen, wurden die MiG-15UTI aus den Ausbildungsgeschwadern abgezogen. In den Jagd- und Jagdbombergeschwadern hingegen wurde die UTI noch lange geflogen. Am längsten dienten 14 MiG-15UTI im JBG-31 welches die MiG-17F in der Jagdbombenfliegerrolle nutzte. Diese 14 Maschinen waren die einzigen UTI der LSK, die über eine Tarnbemalung verfügten. Alle anderen MiG-15UTI hatten ihren Dienst stets silbergrau angetreten.

Eine MiG-15UTI beim Start in Cottbus. Foto: J.Dubravcik

1982 wurden die letzten UTI außer Dienst gestellt. Einige Maschinen (eine Maschine nach anderer Quelle) wurden in den 80er-Jahren nach Mosambik abgegeben.

Diese MiG-15UTI ist heute im Luftwaffenmuseum Gatow zu sehen.

Einsatzzeitraum	1956 – 1982
Abmessungen	
Spannweite	10,08 m
Länge	10,10 m
Höhe	3,70 m
Flügelfläche	20,60 m²
Massen	
Leermasse	3.500 kg
Startmasse	4.850 kg
max. Startmasse	5.200 kg
max. Waffenlast	200 kg
Treibstoffmenge	1.120 l + 2 Zusatzbehälter
Antrieb	1 x RD-45FA
Schub	22,46 kN

Flugleistungen	
Höchstgeschwindigkeit	1.010 km/h in 3000 m
Marschgeschwindigkeit	820 km/h
Aktionsradius	500 km
Gipfelhöhe	14.825 m
Steiggeschwindigkeit	38,5 m/s
Bewaffnung	
Bordkanone	1 x 12,7 mm 150 Schuss
Waffenstationen	2 x 100 kg-Bomben
	2 x 280 bzw. 400 l-Zusatzbehälter

MiG-21U (Mongol A)

Im Dezember 1964 konnte die NVA endlich eine Trainingsversion der MiG-21 in Dienst stellen. In der Zeit davor waren die Piloten von der MiG-15UTI, bzw. der L-29 Delfin auf die Mach 2 schnelle MiG-21 umgestiegen. Mit der MiG-21U verringerte sich der technologische Sprung, dem die Flugschüler ausgesetzt wurden.

Die MiG-21U wurde in der NVA in den Unterversionen 400 und 600 geflogen. Die MiG-21U-400 war die Trainingsversion der ersten MiG-21-Generation. Sie basierte auf der MiG-21F-13. Die MiG-21U-600 hingegen hatte das breitere Seitenleitwerk der MiG-21PFM (SPS im NVA-Sprachgebrauch), welches auch den Bremsschirmbehälter beherbergte. Zwischen 1964 und 1967 wurden 45 MiG-21U beschafft. Darunter waren 14 MiG-21U-400 und 31 U-600er. Eine andere Bezeichnung für die MiG-21U war Flugzeug 66.

MiG-21U nach dem Flugdienst im JAG-15. Foto: Sammlung Wegerich

Bei der Überführung von fünf MiG-21U-400 vom Herstellerwerk nach Marxwalde am 5. April 1965 landete eine Maschine irrtümlich in Berlin-Tegel. Der sowjetische Pilot bemerkte seinen Fehler jedoch und startete wieder, bevor die Westberliner Behörden die Startbahn blockieren konnten.
Die MiG-21U diente zunächst in allen Jagdfliegergeschwadern. Ab 1985 wurden sie im Jagdfliegerausbildungsgeschwader JAG-15 in Rothenburg konzentriert. Dort erlebten 13 Maschinen das Ende der DDR.

Vier MiG-21U-600 sollten 1989 an den Iran verkauft werden. Sie wurden in der Flugzeugwerft Dresden für die Übergabe vorbereitet. Allerdings wurden nur zwei Maschinen an den Iran übergeben. Die politische Wende in der DDR verhinderte die vollständige Abwicklung des »12+4-Geschäftes«.

MiG-21U an der Vorstartlinie des JAG-15. Foto: Sammlung Wegerich

Techniker des JAG-15 bei der Nachflugkontrolle. Foto: Sammlung Wegerich

Einsatzzeitraum	1964 – 1990
Abmessungen	
Spannweite	7,15 m
Länge	14,41 m
Höhe	4,10 m
Flügelfläche	22,95 m²
Massen	
Leermasse	5.200 kg
Startmasse	7.500 kg
max. Startmasse	7.640 kg
max. Waffenlast	1.000 kg
Treibstoffmenge	2.300 l + 1 x 490 l-Zusatzbehälter
Antrieb	1 x R-11F-300 (37F)
Schub	38,25 kN trocken
	53,39 kN Nachbrenner

Flugleistungen	
Höchstgeschwindigkeit	2.125 km/h in 12.500 m
Marschgeschwindigkeit	1.100 km/h
Aktionsradius	400 km
Gipfelhöhe	19.500 m
Steiggeschwindigkeit	170 m/s
Bewaffnung	
Waffenstationen	2 x R-3S (K-13, AA-2 Atoll)
	2 x 500 kg-Bomben
	2 x Raketenbehälter UB-16
	1 x Zusatzbehälter 490 l

MiG-21US (Mongol B)

Die MiG-21US war die Trainingsversion für die MiG-21SPS. Sie war mit dem SPS-System zum Anblasen der Grenzschicht ausgerüstet, welches die Landegeschwindigkeit herabsetzte. Als weitere Neuerung war die US mit dem Katapultsitz KM-1 ausgerüstet. Sie verfügte auch über eine verbesserte Ausrüstung, wie z.B. über einen Autopiloten, einen Ausfallsimulator (in der Fliegerumgangssprache auch als Sabotagepult bezeichnet) und einen Flugdatenschreiber. Äußerlich ließ sich die als Flugzeug 68 bezeichnete MiG-21US am ausfahrbaren Periskop für den Fluglehrer erkennen. Dieses Periskop war notwendig, weil die Kopfstützen des Schleudersitzes KM-1 breiter waren als die des SK, der in der MiG-21U verwendet worden war. Um dem Fluglehrer bei Start und Landung eine bessere Sicht nach vorn zu ermöglichen, wurde das Periskop gleichzeitig mit dem Ausfahren des Fahrwerks ausgeklappt.
Zwischen 1968 und 1970 beschaffte die NVA 16 Maschinen des Typs MiG-21US. Sie dienten in den Jagdfliegergeschwadern 1, 2, 3 und 9, sowie im JAG-15. Drei Maschinen gingen durch Unfall verloren. 13 MiG-21US erhielten 1990 Bundeswehrnummern. Sie sind heute größtenteils in Museen zu besichtigen.

MiG-21US im Museum Rothenburg.

Unterschiedliche Perspektiven: Blick auf eine MiG-21US von halblinks...

...von vorn...

...und von links hinten. Im Hintergrund das Leitwerk einer MiG-21U.

Einsatzzeitraum	1968- 1990
Abmessungen	
Spannweite	7,15 m
Länge	14,41
Höhe	4,12 m
Flügelfläche	22,95 m²
Massen	
Leermasse	5.400 kg
Startmasse	8.000 kg
max. Startmasse	9.500 kg
max. Waffenlast	1.000 kg
Treibstoffmenge	2.345 l + 1 x 490 l-Zusatzbehälter
Antrieb	1 x R-11F2S-300
Schub	38,26 kN trocken
	60,60 kN Nachbrenner

Flugleistungen	
Höchstgeschwindigkeit	2.150 km/h in 12.000 m
Marschgeschwindigkeit	1.200 km/h
Aktionsradius	400 km
Gipfelhöhe	19.500 m
Steiggeschwindigkeit	170 m/s
Bewaffnung	
Waffenstationen	2 x R-3S
	2 x 500 kg-Bomben
	2 x Raketenbehälter UB-16
	1 x Zusatzbehälter 490 l od. 800 l
	2 x S-24 Rakete

MiG-21UM (Mongol B)

Die MiG-21UM war das Trainingsflugzeug für die 3. und 4. MiG-21-Generation. Sie basierte im Wesentlichen auf der MiG-21MF. Andere Bezeichnungen für die UM waren MiG-21USM oder Flugzeug 69.
Die UM ähnelte äußerlich ihrer Vorgängerin US. Sichere Unterscheidungsmerkmale waren die Antenne auf dem Rumpfrücken sowie der Anstellwinkelgeber an der linken Bugseite. Die Ausrüstung der UM war moderner als die der US. Die UM verfügte über den Autopiloten AP-155, einen breiter ausgelegten Ausfallimitator, sowie das System SORZ zur Warnung vor Gefahrensituationen. Zwischen 1971 und 1975 wurden 33 MiG-21UM beschafft. Sie waren in Silbergrau gehalten und mit dem Triebwerk R-11-F2S-300 ausgerüstet. 1978 wurden vier Maschinen nachbeschafft. Diese hatten einen hellblaugrauen Tarnanstrich und waren mit dem Triebwerk R-13-300 ausgestattet. Allerdings war die 2. Nachbrennerstufe dieses Triebwerks nicht aktiviert. Während alle MiG-21-Trainingsvarianten mit zwei Unterflügelstationen ausgestattet waren, hatte eine MiG-21UM der NVA vier Waffenpylone. Sie war vom Hersteller mit den Tragflächen einer MiG-21MF versehen worden.
Alle MiG-21UM bekamen während ihrer Werftüberholung eine LSK-typische Tarnbemalung. Sie wurde in allen Jagdfliegergeschwadern, mit Ausnahme des JG-7, genutzt. Während ihrer Dienstzeit ging lediglich eine MiG-21UM verloren. 1990 wurden 36 UM durch die Bundeswehr übernommen.

Der Anstellwinkelgeber und die Antenne auf dem Rücken kennzeichnen die UM. Foto: Baumann

Übergabe des Flugzeugs an die Ljotschiks. Foto: Baumann

Eine UM rollt zur Startbahn. Foto: Baumann

Landung mit Bremsschirm. Foto: Sammlung Magarin

Einsatzzeitraum	1971 – 1990
Abmessungen	
Spannweite	7,15 m
Länge	14,41 m
Höhe	4,10 m
Flügelfläche	22,95 m²
Massen	
Leermasse	5.400 kg
Startmasse	8.000 kg
max. Startmasse	9.500 kg
max. Waffenlast	1.000 kg
Treibstoffmenge	2.345 l + 1 x 490 l-Zusatzbehälter
Antrieb	1 x R-11F2S-300
Schub	38,3 kN trocken
	60,67 kN Nachbrenner

Flugleistungen	
Höchstgeschwindigkeit	2.230 km/h in 12.500 m
Marschgeschwindigkeit	1.200 km/h
Aktionsradius	400 km
Gipfelhöhe	19.500 m
Steiggeschwindigkeit	170 m/s
Bewaffnung	
Kanonengondel	12,7 mm mit 60 Schuss
Waffenstationen	2 x R-3S
	2 x 500 kg-Bomben
	2 x Raketenbehälter UB-32
	1 x Zusatzbehälter 490 l
	2 x S-24-Rakete

MiG-23UB (Flogger C)

Mit der Einführung der MiG-23MF ab Juli 1978 begann für die LSK eine neue Epoche. Zum ersten mal stand ihr ein Jagdflugzeug mit variabler Tragflächengeometrie zur Verfügung, das den Luftgegner über größere Entfernungen orten und bekämpfen konnte. Um den Piloten den Übergang von der MiG-21 auf das neue Muster zu erleichtern, beschaffte die NVA die Trainingsversion MiG-23UB. Die erste MiG-23UB (nach anderer Quelle waren es zwei Maschinen) erhielt die NVA im Juni 1978, d.h. einen Monat vor Lieferung der MiG-23MF. Insgesamt beschaffte man zehn Maschinen von denen drei im Jagdbombenfliegergeschwader JBG-37 und der Rest im Jagdfliegergeschwader JG-9 dienten. Die MiG-23UB basierte auf der MiG-23MF, der sie im prinzipiellen Aufbau stark ähnelte. Sie war ein Schwenkflügler

Die MiG-23UB auf dem Weg zum Start. Foto: Baumann

bei dem die Pfeilung der Tragflächen auf die Positionen 16°, 45° und 72° eingestellt werden konnte. Die Schwenkung der Tragflächen erfolgte nicht automatisch sondern musste per Knopfdruck vom Piloten ausgelöst werden.
Der Hauptunterschied zu den Kampfmaschinen bestand darin, dass die UB kein Funkmessvisier besaß. Sie war demnach kein vollwertiges Kampfflugzeug. Ein weiterer Unterschied war das schwächere Triebwerk. Die UB hatte das R-27, während die Kampfversionen der LSK mit dem R-29 ausgerüstet waren. Dennoch unterschieden sich die Flugleistungen der UB nicht wesentlich von denen der MF.
Die Bewaffnungsvarianten der MiG-23UB glichen denen der MiG-23MF mit der Ausnahme, dass die UB nicht in der Lage war, radargelenkte Raketen zum Einsatz zu bringen. Die MiG-23UB galt als eine gute und zuverlässige Maschine. Zwei Maschinen gingen im Laufe der Zeit verloren. Acht Flugzeuge wurden 1990 durch die Bundeswehr übernom-

Die drei Versionen der MiG-23 des JG-9: MiG-23UB,ML und MF. Foto: Huster

Flug über der Steilküste. Foto: Huster

MiG-23UB im Museum Gatow.

Blick von der anderen Seite.

Einsatzzeitraum	1978 – 1990
Abmessungen	
Spannweite	7,78 m – 13,96 m
Länge	17,11 m
Höhe	4,82 m
Flügelfläche	34,16 m² – 37,35 m²
Massen	
Leermasse	10.505 kg
Startmasse	14.780 kg
max. Startmasse	17.640 kg
max. Waffenlast	1.600 kg
Treibstoffmenge	4.000 l + 1 – 3 x 800 l-Zusatzbehälter
Antrieb	1 x R-27F2M-300
Schub	67,67 kN trocken
	98,07 kN Nachbrenner

Flugleistungen	
Höchstgeschwindigkeit	2.450 km/h in 11.000 m
Marschgeschwindigkeit	1.250 km/h
Aktionsradius	700 km
Gipfelhöhe	18.000 m
Steiggeschwindigkeit	131 m/s
Bewaffnung	
Bordkanone	GScha-23L mit 200 Schuss
Waffenstationen	4 x R-3S
	4 x S-24-Rakete
	4 x 500 kg-Bomben
	14 x 100 kg-Bomben
	4 x Raketenbehälter UB-16
	2 x Raketenbehälter UB-32
	1 – 3 x Zusatzbehälter 800 l

MiG-29UB (Fulcrum B)

Mit der Entwicklung des neuartigen und hochleistungsfähigen Jagdflugzeugs MiG-29 wurde ein entsprechendes Übungsflugzeug notwendig, das eine schnelle und effiziente Umschulung der Piloten auf das neue Muster gewährleisten sollte. Im OKB MiG wurde deshalb das Projekt 9.51 aus der Taufe gehoben, das als kampffähiges Trainingsflugzeug geplant war.
Der offensichtlichste Hauptunterschied der UB zu den Kampfeinsitzern war die langgezogene Cockpitverglasung unter der zwei Piloten auf ihren K-36-Schleudersitzen Platz fanden. Ein weiterer offensichtlicher Unterschied war das Fehlen der Störkörperwerfer vor den Seitenleitwerken. Nicht so offensichtlich, dafür aber wesentlicher, war der Umstand, dass man auf den Einbau eines Radars verzichtet hatte. Dort wo bei den Kampfeinsitzern das Funkmessvisier untergebracht war, befand sich nun der zweite Pilotensitz. Diese Auslegung wurde gewählt, um den begrenzten Treibstoffvorrat der MiG nicht noch weiter zu reduzieren. Damit der Mann auf dem Vordersitz trotz Fehlen des Radars den Einsatz des Funkmessvisiers üben konnte, war die MiG-29UB mit einem Radarsimulator ausgestattet. Mit ihm konnte der Flugschüler auch den Einsatz der halbaktiv gelenkten Luft-Luft-Rakete R-27R trainieren, ohne dass dazu ein Zielflugzeug nötig war. Für den Nahluftkampf verfügte die UB über einen Funkentfernungsmesser. Da sie darüber hinaus wie die Kampfeinsitzer über ein Wärmepeilgerät, den Laser-E-Messer

Kurze Nase, keine Störkörperwerfer und langes Cockpit für zwei Piloten: eine MiG-29UB. Foto: Sammlung Wegerich

und das Helmvisier verfügte, stellte die UB im Nahluftkampf eine nicht zu unterschätzende Kampfmaschine dar. Sie konnte mit Ausnahme der radargelenkten Rakete R-27R alle Waffen der MiG-29 zum Einsatz bringen. Die LSK beschaffte 1988 drei und 1989 eine MiG-29UB, die im Jagdfliegergeschwader JG-3 zum Einsatz kamen. Sie wurden nach 1990 von der Bundesluftwaffe übernommen.

Die 185 auf dem Weg zum Start. Foto: Sammlung Wegerich.

Mit NVA-Tarnung und BW-Kennung fliegt diese UB über der Ortschaft Holzdorf.
Foto: Sadzulewski

Zu diesem Foto sagte der Fluglehrer: »Als das Bild geschossen wurde, hatte ich gerade von hinten in die Steuerung eingegriffen, weil mir das Manöver zu lasch vorkam.« Man sieht den großen Ruderausschlag und die bereits ausgefahrenen Nasenklappen. An der Schubdüsenstellung kann man die Triebwerkleistung 100% (ohne Nachbrenner) erkennen. Die Maschine drehte im Anschluss mit hohem Anstellwinkel fast auf der Stelle. Foto: Sadzulewski

Einsatzzeitraum	1988 – 1990
Abmessungen	
Spannweite	11,36 m
Länge	17,42 m
Höhe	4,73 m
Flügelfläche	43,50 m²
Massen	
Leermasse	10.900 kg
Startmasse	14.700 kg
max. Startmasse	18.000 kg
max. Waffenlast	2.300 kg
Treibstoffmenge	4.300 l + 1 x 1.500 l-Zusatzbehälter
Antrieb	2 x R-33D
Schub	2 x 49,90 kN trocken
	2 x 81,40 kN Nachbrenner

Flugleistungen	
Höchstgeschwindigkeit	2.400 km/h in 12.000 m
Marschgeschwindigkeit	1.250 km/h
Aktionsradius	650 km
Gipfelhöhe	18.000 m
Steiggeschwindigkeit	330 m/s
Bewaffnung	
Bordkanone	GScha-301 mit 50 Schuss
Waffenstationen	2 x R-27R-Raketenimitatoren
	6 x R-73- bzw. R-60-Raketen
	4 x 500 kg-Bomben
	4 x Raketenbehälter UB-32
	4 x Raketenbehälter UB-20
	1 x 1.500 l-Zusatzbehälter

Su-22UM-3K (Fitter G)

Die Su-22UM-3K war die in der NVA verwendete Doppelsitzervariante des Su-22-Jagdbombers. Sie war primär für die Umschulung von Piloten vorgesehen und war dementsprechend mit einem zusätzlichen Cockpit für den Fluglehrer ausgestattet. Die Kabinendächer öffneten jedes für sich nach hinten. Auf dem hinteren Dach war ein Periskop für den Fluglehrer angebracht, mit dem er eine verbesserte Sicht bei Start und Landung hatte. Durch den Einbau des zusätzlichen Cockpits war es notwendig geworden, das Tankvolumen der Su-22UM-3K zu reduzieren. Dementsprechend verringerte sich die Reichweite des Doppelsitzers um etwa 500 km im Vergleich zur einsitzigen Su-22M-4. Zur weiteren Gewichtsreduzierung hatten die Konstrukteure der Su-22UM-3K die Kanonenbewaffnung des Flugzeugs von zwei NR-30 auf eine reduziert. Trotzdem war die Su-22UM-3K ein nahezu vollwertiges Kampfflugzeug. Sie konnte fast alle Waffensysteme der Kampfeinsitzer zum Einsatz bringen. Einschränkungen gab es nur darin, dass die schweren Raketen der Typen Cha-58U und Cha-29L nicht mitgeführt werden konnten. Die Gesamtwaffenlast betrug 3.000 kg im Gegensatz zu 4.000 kg bei der Su-22M4.
Dafür war die Su-22UM-3K schneller als die Einsitzer. Der Grund dafür war der verstellbare Lufteinlasskonus, der die Luftzufuhr zum Triebwerk bei hohen Geschwindigkeiten optimierte.
Die LSK beschaffte zwischen 1984 und 1987 insgesamt acht Su-22UM-3K, die sie im Jagdbombenfliegergeschwader 77 (JBG-77), sowie im Marinefliegergeschwader 28 (MFG-28) in Dienst stellte. Stationiert waren beide Geschwader in Laage südlich von Rostock.
Die Bundeswehr übernahm 1990 die Su-22UM-3K. Zwei Maschinen wurden in der WTD-61 in Manching intensiven Tests unterzogen.

Eine Su-22UM-3K bei der Erprobung in der WTD-61 in Manching. Foto: Baumann

Die UM-3K von halblinks gesehen.

Einsatzzeitraum	1984 – 1990
Abmessungen	
Spannweite	10,03 m –13,68 m
Länge	19,03 m
Höhe	5,13 m
Flügelfläche	34,45 m² – 38,49 m²
Massen	
Leermasse	10.800 kg
Startmasse	15.000 kg
max. Startmasse	18.900 kg
max. Waffenlast	3.000 kg
Treibstoffmenge	3.720 l + 4 x Zusatzbehälter
Antrieb	1 x AL-21-F3
Schub	76,50 kN trocken
	110,00 kN Nachbrenner

Flugleistungen	
Höchstgeschwindigkeit	1.900 km/h in 11.000 m
Marschgeschwindigkeit	1.200 km/h
Aktionsradius	400 km
Gipfelhöhe	15.500 m
Steiggeschwindigkeit	230 m/s
Bewaffnung	
Bordkanone	1 x NR-30 mit 80 Schuss
Waffenstationen	2 x R-60MK-Raketen
	6 x Cha-25-Lenkrakete
	2 x Cha-27-Lenkrakete
	20 x Bomben
	4 x 840- / 1.160 l-Zusatzbehälter
	ungelenkte Raketen usw.

L-29 Delfin (Maya)

Der tschechoslowakische Strahltrainer L-29 Delfin war lange Jahre das Standardtrainingsflugzeug der Warschauer Vertragsstaaten. Er wurde Mitte der 50er-Jahre entwickelt und startete am 15. April 1959 zum Jungfernflug. Im September 1961 setzte er sich in Moskau bei einem Vergleichsfliegen gegen sowjetische und polnische Konkurrenz durch und wurde für die Aufnahme in die Bewaffnung der verbündeten Streitkräfte vorgeschlagen. Alle Staaten, außer Polen, führten in der Folgezeit die Delfin als Standardtrainer ein.

Die LSK erhielt ihre ersten L-29 Delfin im Dezember 1963. Bis 1966 wurden insgesamt 51 Maschinen aus fünf Produktionsserien beschafft. Zunächst dienten die L-29 beim Jagdfliegerausbildungsgeschwader JAG-15 in Rothenburg, Mitte 1964 wurden die L-29 ins Jagdfliegerausbildungsgeschwader JAG-11 (später in FAG-25 umbenannt) in Bautzen überstellt. Das war notwendig, da die Flugschüler zunächst in Bautzen mit der L-29 Delfin das Fliegen strahlgetriebener Flugzeuge erlernten und später in Rothenburg auf die MiG umschulen sollten.

Die L-29 Delfin war der erste Strahltrainer der NVA.

Größenvergleich L-29 Delfin und L-39 Albatros.

Die L-29 Delfin diente der Grundausbildung der Piloten, wurde aber auch zur Kunstflugausbildung und zum Waffentraining verwendet. Zu letzterem konnte die L-29 Bomben und ungelenkte Raketen mitführen. MG-Behälter gab es zwar, sie wurden jedoch in den LSK nicht verwendet.
Die L-29 Delfin war eine gute, zuverlässige und qualitativ hochwertige Übungsmaschine. Sie blieb bis Ende der 70er-Jahre im Einsatz. Ab 1978 wurde sie durch die L-39 Albatros ersetzt. Die letzten L-29 wurden im November 1980 außer Dienst gestellt und zum größten Teil verschrottet.

Die L-29 Delfin der LSK flogen bis auf eine Ausnahme stets in silbergrauer Bemalung. Entsprechend der Staffelzugehörigkeit hatten sie gelbe oder rote Bugnasen und Tragflächenenden.

Ein Blick von vorn.

Einsatzzeitraum	1963 – 1980
Abmessungen	
Spannweite	10,29 m
Länge	10,81 m
Höhe	3,13 m
Flügelfläche	19,85 m²
Massen	
Leermasse	2.364 kg
Startmasse	3.280 kg
max. Startmasse	3.540 kg
max. Waffenlast	200 kg
Treibstoffmenge	1.100 kg + 2 x Zusatzbehälter
Antrieb	1 x M-701
Schub	8,72 kN

Flugleistungen	
Höchstgeschwindigkeit	655 km/h in 5.000 m
Marschgeschwindigkeit	545 km/h
Aktionsradius	250 – 300 km
Gipfelhöhe	11.000 m
Steiggeschwindigkeit	14 m/s
Bewaffnung	
Waffenstationen	2 x Bomben bis 100 kg
	2 x Raketenbehälter R-57/4M mit je 4 Raketen S-57
	2 x Zusatzbehälter

L-39 Albatros

Die 1974 zum Erstflug gestartete L-39 Albatros war in den 80er-Jahren das Standardtrainingsflugzeug der Warschauer Vertragsstaaten. Ab Oktober 1977 wurde sie in die LSK eingeführt und ersetzte sukzessive die ebenfalls aus tschechoslowakischer Produktion stammende L-29 Delfin. Ab November 1980 war sie das alleinige Trainingsflugzeug für die Pilotenausbildung in der NVA und wurde für die fliegerische Grundausbildung, aber auch für Kunstflug und Waffentraining eingesetzt. Die Mehrzahl der L-39 diente zu diesem Zweck im FAG-25 in Bautzen, wo die Flugschüler in ihren ersten beiden Ausbildungsjahren die Albatros flogen. Im Flugbetrieb erwies sich die L-39 Albatros als einfach zu fliegendes, gutmütiges und zuverlässiges Flugzeug, das auch von Fluganfängern leicht beherrscht werden konnte.

Die L-39 Albatros war bedeutend leistungsfähiger als ihre Vorgängerin. Sie besaß vier Unterflügelstationen von denen zwei Zusatzbehälter tragen konnten. Die möglichen Bewaffnungsvarianten der L-39 ähnelten denen der MiG-21. So konnten Bomben und ungelenkte Raketen mitgeführt werden. Theoretisch war auch der Einsatz von Luft-Luft-Raketen möglich. Praktisch war die L-39 Albatros jedoch zu langsam, um die Rakete R-3S (AA-2 Atoll) erfolgversprechend einzusetzen. Eine Bordkanone besaßen die L-39 der LSK nicht.
Die LSK beschaffte zwei Varianten der L-39 Albatros. Die L-39ZO diente der Pilotenausbildung, während die L-39V zur Zieldarstellung verwendet wurden. Die L-39V war eine zum Luftzielschlepp modifizierte Version der Albatros. Sie war einsitzig und hatte unter dem Rumpf eine Vorrichtung zum Ziehen eines Luftsacks, bzw. Schleppziels KT-04. Zwei L-39V waren in einer auffälligen weiß gelben

Aus dem Cockpit fotografiert. L-39 im Verband mit MiG-23. Foto: Huster

Das Cockpit der Albatros.

Bemalung gehalten, die anderen hatten eine Tarnbemalung.
In ihrer gesamten Dienstzeit bewährten sich die L-39 als hervorragende Flugzeuge. Von den insgesamt 52 beschafften Maschinen gingen lediglich zwei verloren.

Das Schleppziel KT-04 wurde von den L-39V der ZDK geschleppt.

Die L-39V.

Die L-39 Albatros war von schlanker, eleganter Gestalt.

Einsatzzeitraum	1977 – 1990
Abmessungen	
Spannweite	9,46 m
Länge	12,13 m
Höhe	4,77 m
Flügelfläche	18,80 m²
Massen	
Leermasse	3.540 kg
Startmasse	4.500 kg
max. Startmasse	5.600 kg
max. Waffenlast	1.000 kg
Treibstoffmenge	1.050 l + 2 x Zusatzbehälter
Antrieb	1 x AI-25TL
Schub	16,87 kN

Flugleistungen	
Höchstgeschwindigkeit	755 km/h in 5.000 m
Marschgeschwindigkeit	680 km/h
Aktionsradius	300 km
Gipfelhöhe	10.000 m
Steiggeschwindigkeit	17 m/s
Bewaffnung	
Waffenstationen	4 x Bomben bis 250 kg
	2 x Bomben bis 500 kg
	4 x Raketenbehälter UB-16
	2 x Luft-Luft-Raketen
	2 x Zusatzbehälter

Jak-11 (Moose)

Die Jak-11 wurde 1944 vom OKB Jakowlew entwickelt. Ziel war es, auf Basis der Jak-3 ein Übungskampfflugzeug zu schaffen, dass es den zukünftigen Jagdfliegern erleichtern sollte, von reinen Trainingsflugzeugen auf Jagdflugzeuge umzusteigen.
Die Jak-11 ähnelte in ihrem äußeren Erscheinungsbild den Jagdflugzeugen des Jak OKB und galt als agiles Flugzeug. Sie war mit einem 515 kW leistenden Sternmotor Asch-21 ausgestattet und konnte eine Geschwindigkeit von 475 km/h erreichen. Bewaffnet war die Jak-11 mit einem einzelnen 12,7 mm-MG. Außerdem konnten zwei Bomben bis 50 kg unter den Tragflächen mitgeführt werden, was aber nicht praktiziert wurde.
Die ab 1946 in der Sowjetunion und ab 1952 in der ČSSR (C-11) in Serie produzierte Jak-11 gehörte zur Grundausstattung der fliegenden Verbände der DDR. Bereits der Vorläufer der LSK, die KVP Luft, nutzte die Jak-11. Ab Sommer 1953 flog sie in mehreren Staffeln der als Aeroklub bezeichneten KVP Luft-Einheiten. Insgesamt sollen über 100 Jak-11 beschafft worden sein. Die Jak-11 dienten in der KVP vornehmlich

Jak-11 in Cottbus. Foto: J.Dubravcik

Jak-11 im Museum Gatow.

zur Heranbildung neuer Flugzeugführer. Sie wurde aber auch gelegentlich zur Bekämpfung westlicher Propagandaballons eingesetzt.
1956 wurden 99 Jak-11 in den Bestand der LSK übernommen. Dort wurde sie vornehmlich für die fliegerische Fortgeschrittenenausbildung verwendet. Mit ihrer Kameraausrüstung konnte sie jedoch auch zur Aufklärung herangezogen werden.
Mit dem Eintreffen der MiG-15UTI wurde die Jak-11 allmählich aus der Trainerrolle verdrängt. Trotzdem blieb die Jak-11 noch bis 1963 im Bestand der LSK. Der Grund hierfür lag darin, dass einige Maschinen des Typs zur Zieldarstellung für die Flakeinheiten der Luftverteidigung bzw. der Truppenluftabwehr der Landstreitkräfte genutzt wurden.

Blick von rechts auf die Jak-11.

Einsatzzeitraum	1953/56 – 1963
Abmessungen	
Spannweite	9,40 m
Länge	8,50 m
Höhe	3,23 m
Flügelfläche	15,40 m²
Massen	
Leermasse	1.811 kg
Startmasse	2.373 kg
max. Startmasse	2.480 kg
max. Waffenlast	100 kg
Treibstoffmenge	360 l
Antrieb	1 x ASch-21

Leistung	515 kW
Flugleistungen	
Höchstgeschwindigkeit	475 km/h in 4.500 m
Marschgeschwindigkeit	400 km/h
Aktionsradius	500 km
Gipfelhöhe	7.100 m
Steiggeschwindigkeit	9 m/s
Bewaffnung	
Waffenstationen	2 x Bomben bis 50 kg
Bordkanone	1 x 12,7 mm-MG UBS

Jak-18 (Max)

Die Jak-18 war ein einfaches und sehr robustes Schulflugzeug. In der DDR wurde sie in den Versionen Jak-18, Jak-18U und Jak-18A eingesetzt. Sie diente an den Fliegerschulen der KVP und den Fliegerausbildungsgeschwadern der LSK. Nach ihrem Abzug aus den Truppenteilen wurde sie zur vormilitärischen Ausbildung von Pilotennachwuchs der Gesellschaft für Sport und Technik (GST) übergeben.
Die ersten Jak-18 kamen 1952 zur KVP-Luft, wo sie in den Staffeln der ersten Abteilungen der Aeroklubs Dienst taten. 1957 wurde die Jak-18 bereits durch das Nachfolgemuster Jak-18U abgelöst. Die Jak-18 wurden der GST übergeben und dort bis 1965 betrieben. Die Jak-18U war eine den sich wandelnden Gegebenheiten des Flugzeugbaus angepasste Version. Hatte die Jak-18 noch Heckfahrwerk, so war die Jak-18U mit einem Bugfahrwerk ausgerüstet. Die Flugleistungen der Jak-18U lagen aber etwas unterhalb derer der Jak-18. Deshalb wurde sie nur als Übergangslösung angesehen und ab 1960 durch die leistungsfähigere Jak-18A ersetzt. Wie ihr Vorgängerin wurde auch die U an die GST abgegeben und dort bis 1971 betrieben.
Die mit einem stärkeren Motor ausgestattete Jak-18A wurde zum Teil sofort nach Lieferung an die GST weitergegeben.
Die anderen Maschinen flogen zunächst im Fliegerausbildungsgeschwader 3 in Brandenburg-Briest, später in Kamenz. Als die L-29 Delfin verfügbar wurde, war die Zeit der Jak-18A als Trainingsflugzeug vorbei. Ein Großteil der Flugzeuge wurde an die GST abgegeben. 19 Maschinen verblieben im Bestand der LSK und wurden als Kurier- und Reiseflugzeuge verwendet. In ganz wenigen Fällen sollen sie auch als Zieldarsteller fungiert haben. Die Jak-18 in all ihren Versionen war der »Pilotenmacher« in der DDR und wurde von ihren Ljotschiks sehr gern geflogen.

Die ersten Jak-18 der DDR flogen noch mit dem roten Stern.
Foto: Luftwaffenmuseum BW

Daten Jak-18

Einsatzzeitraum	1952/56 – 1957/58
Abmessungen	
Spannweite	10,60 m
Länge	8,03 m
Höhe	2,80 m
Flügelfläche	17,00 m²
Massen	
Leermasse	785 kg
Startmasse	1.087 kg
max. Startmasse	1.165 kg
max. Waffenlast	0 kg
Treibstoffmenge	150 l
Antrieb	1 x M-11FR
Leistung	118 kW
Flugleistungen	
Höchstgeschwindigkeit	245 km/h in 2.000 m
Marschgeschwindigkeit	170 km/h
Aktionsradius	350 km
Gipfelhöhe	4.000 m
Steiggeschwindigkeit	3,5 m/s
Bewaffnung	keine

Daten Jak-18A

Einsatzzeitraum	1960 – 1973
Abmessungen	
Spannweite	10,60 m
Länge	8,13 m
Höhe	3,23 m
Flügelfläche	17,00 m²
Massen	
Leermasse	995 kg
Startmasse	1.281 kg
max. Startmasse	1.316 kg
max. Waffenlast	0 kg
Treibstoffmenge	122 l
Antrieb	1 x AI-14R
Leistung	191 kW
Flugleistungen	
Höchstgeschwindigkeit	254 km/h in 2.500 m
Marschgeschwindigkeit	175 km/h
Aktionsradius	270 km
Gipfelhöhe	5.000 m
Steiggeschwindigkeit	5,0 m/s
Bewaffnung	Keine

Eine Jak-18A der GST in Zwickau. Foto: Wegerich

Il-28 (Beagle)

Die am 8. Juli 1948 zum Erstflug gestartete Il-28 war ein zuverlässiges und für ihre Zeit leistungsstarkes Bombenflugzeug. Es gehört aber nur bedingt in die Reihe der Kampfflugzeuge der NVA, weil sie bei den LSK nie als Kampfflugzeug eingesetzt wurde. Ihr Einsatz in der DDR begann 1958 als Erprobungsträger für das in der DDR entwickelte Strahltriebwerk Pirna 015. Für diesen Zweck wurden zwei Maschinen der Version Il-28R beschafft. Im Juni 1959 erhielt auch die NVA ihre ersten beiden Il-28. Sie dienten in der Zieldarstellungsstaffel 21 (später in ZDS 33 umbenannt), deren Aufgabe naturgemäß die Zieldarstellung für die Flak der Luftverteidigung, der Truppenluftabwehr, aber auch für die Schiffe der Volksmarine war.
Für diese Aufgabe war die Il-28 mit einem Luftsack ausgerüstet. Dieser Luftsack wurde zunächst im Bombenschacht untergebracht und mit erreichen des Zielgebietes abgeworfen. Nach seiner Entfaltung wurde er mit einem etwa 2.000 m langem Stahlkabel in die Flakschießzone geschleppt und dort von der Flak bekämpft. Damit die Radargeräte der Flak den Luftsack als Ziel erfassen konnten war er mit einem Radarreflektor ausgestattet. Außerdem wurden die Il-28 der Zieldarstellungsstaffel als Trainingsgegner für die Fla-Raketen-Einheiten und die Flugplatzverteidigung eingesetzt. Man nutzte sie sogar zur Erprobung neuer Fallschirme.
Von 1959 bis 1964 beschaffte die LSK insgesamt sieben Il-28 und eine Maschine der Trainerversion Il-28U.
Nach Abbruch des zivilen Flugzeugbauprogramms der DDR wurden auch die beiden Il-28R der NVA zugeführt.
Die Il-28 wurde bis Anfang der 80er-Jahre im Dienst gehalten. Danach wurden ihre Aufgaben durch die L-39 Albatros

Die Il-28 war das größte Kampfflugzeug der NVA.

übernommen. Die letzten beiden Il-28 wurden am 12.10.1982 außer Dienst gestellt. Die Il-28 galt als angenehmes, robustes und leicht zu fliegendes Flugzeug.

Die Glasnase der Il-28 war typisch für die sowjetischen Bomber der 50er-Jahre.

Einsatzzeitraum	1959 – 1982
Abmessungen	
Spannweite	21,45 m
Länge	17,65 m
Höhe	6,70 m
Flügelfläche	60,80 m²
Massen	
Leermasse	12.890 kg
Startmasse	21.200 kg
max. Startmasse	23.200 kg
max. Waffenlast	3.000 kg
Treibstoffmenge	9.000 l
Antrieb	2 x WK-1
Schub	2 x 26,46 kN

Flugleistungen	
Höchstgeschwindigkeit	900 km/h in 4.500 m
Marschgeschwindigkeit	770 km/h
Aktionsradius	900 km
Gipfelhöhe	12.500 m
Steiggeschwindigkeit	15 m/s
Bewaffnung	
Bordkanone	1 x NR-23 mit 80 Schuss
	1 x NR-23 mit 200 Schuss
	2 x NR-23 mit 450 Schuss
	1 x Luftsack
	Bomben bis 3.000 kg

Wie wäre es weitergegangen?

Wie hätten sich die Luftstreitkräfte der NVA weiterentwickelt? Welche Flugzeuge wären zum Einsatz gekommen? Zwei hypothetische Fragen, die jedoch nicht uninteressant sind.

Man kann davon ausgehen, dass die MiG-29 zum neuen Standardjagdflugzeug der LSK geworden wäre. Nach und nach hätte sie die MiG-21 und MiG-23 aus dem Truppendienst verdrängt. Die MiG-21bis des JG-8 wären möglicherweise auf den Standard MiG-21/93 aufgerüstet worden. Die 21/93 hatte eine dramatisch verbesserte Kampfkraft, da ihr Pilot im Nahluftkampf die als äußerst effizient bekannte Luftkampfrakete R-73 (AA-11 Archer) mittels eines Helmvisiers zum Einsatz bringen konnte. Über mittlere Distanzen verfügte er über die R-27R1 (AA-10 Alamo). Heute fliegt die 21/93 als MiG-21BISON in den indischen Luftstreitkräften. Ab Mitte der 90er-Jahre war die Rakete R-77 (AA-12 Adder), die der amerikanischen AMRAAM ebenbürtig, wenn nicht sogar überlegen sein soll, einsatzbereit. Die MiGs der NVA wären zum Einsatz dieser Rakete modifiziert worden. Die MiG-29 wären zur MiG-29S geworden. Als zukünftiger Trainer war die L-59 angedacht. Bei den Angriffsflugzeugen wäre die Zahl der Su-22M4-Jagdbomber weiter erhöht worden.

Die MiG-23BN stand auf der Aussonderungsliste. Sie sollte durch die Su-25 Sturmowik ersetzt werden. Die Su-25 war kein glamouröses Flugzeug, sondern ein raues Arbeitspferd, das sich in den Bergen Afghanistans hervorragend bewährt hatte. Sie kombinierte Schlagkraft mit Überlebensfähigkeit und überzeugte mit ihrer unschlagbaren Effizienz bei der Bekämpfung von Bodenzielen. Dass es zur Beschaffung der Su-25 nicht mehr kam, ist aus heutiger Sicht bedauerlich, denn die in Afghanistan kämpfenden Soldaten würden die Luftunterstützung dieses Flugzeuges sicherlich sehr zu schätzen wissen.

Die MiG-21/93 auf der ILA Berlin 1994.

Wieso Suchoi und nicht Sukhoi?

Dem aufmerksamen Leser wird sicher aufgefallen sein, dass die Schreibweise einiger Typenbezeichnungen von Waffen und Flugzeugen in diesem Typenkompass etwas vom Standard westlicher Literatur abweicht. Hier heißt es Jak statt Yak, Suchoi statt Sukhoi, Cha statt Kh, GScha statt GSh. Wieso?

Nun, der Grund hierfür ist das kyrillische Alphabet, welches Buchstaben für Lautkombinationen aufweist, die im bei uns üblichen lateinischen Alphabet nicht vorhanden sind. Diese kyrillischen Buchstaben müssen mit lateinischen Buchstabenkombinationen umschrieben werden.

Leider gibt es verschiedene Übertragungsweisen von einem ins andere Alphabet und unglücklicherweise hat sich im deutschsprachigen Raum eine Transkription durchgesetzt, die sich internationale Transkription nennt, jedoch auf der englischen Sprache basiert. Diese Übertragungsweise führt bei deutschsprachigen Lesern sehr oft zur falschen Aussprache russischer Worte. Nehmen wir zum Beispiel den kyrillischen Buchstaben »X« der unserem »x« ähnelt, jedoch keines ist. Er wird in der internationalen (englischsprachigen) Transkription mit »Kh« übersetzt. Für einen Engländer ist das auch korrekt, denn für ihn steht »Kh« für einen kehligen Laut. Ein Deutscher steht dem »Kh« hingegen hilflos gegenüber. Laut internationaler Transkription wird z.B. aus dem kyrillisch geschriebenen Namen »Сухой« ein lateinisches »Sukhoi«, was bei einem Deutschen Stirnrunzeln hervorruft. Schlimmstenfalls wird er das Wort als »Suk-hoi« aussprechen. Eine für die deutsche Sprache lautmäßig korrekte Übertragung des Buchstabens »X« lautet jedoch »Cha«, wobei das »Cha« kehlig wie das »Ch« in den Wörtern »machen« oder »suchen« ausgesprochen und ein »a« angehängt wird. Deshalb habe ich die Buchstabenkombination »Ch« bzw. »Cha« für die Transkription des kyrillischen Buchstabens »X« verwendet.

Ein wenig anders ist es bei der von mir verwendeten Typenbezeichnung der Bordkanone GScha-23. Eine korrekte Übersetzung wäre GSch-23. Allerdings ginge bei dieser Transkription ein kleines Wortspiel verloren, das darin besteht, dass die korrekte russische Aussprache von GSch an die berühmten japanischen Tänzerinnen (Geishas) erinnert.

Glossar: Begriffe der LSK/LV der NVA und der Bundesluftwaffe mit gleicher Bedeutung

Die folgende mir freundlicherweise von Herrn Michael Wegerich (ehemaliger Pilot von MiG-21 und MiG-29 in LSK und LW) zur Verfügung gestellte Tabelle soll einen kleinen Einblick in die unterschiedliche Sprachwelt der beiden deutschen Luftwaffen geben.

NVA-Begriff	Begriff in der Luftwaffe der Bundeswehr
Bombenflugzeug	Bomber
Jagdbombenflugzeug	Jagdbomber
Jagdflugzeug	Jäger
Flugzeugführer (FF)	Luftfahrzeugführer (LFF)
umgangssprachlich: Ljotschik	umgangssprachlich: Pilot
Führender	Formationsführer
Geführter	Flügelmann
Gefechtsordnung	Formation
Paar	Zweierformation oder Rotte
Kette	Viererformation oder Schwarm
Jagdfliegergeschwader (JG)	Jagdgeschwader (JG)
Jagdbombenfliegergeschwader	Jagdbombergeschwader
Jagdfliegerkräfte (JFK)	Jagdwaffe
Luftverteidigungsdivision (LVD)	Luftwaffendivision (LwDiv)
effektive Reflektionsfläche	Radarrückstrahlfläche
einfache Wetterbedingungen (EWB)	Sichtflugbedingungen
schwierige Wetterbedingungen (SWB)	Instrumentenflugbedingungen
Erdziel	Bodenziel
Nahluftkampf oder Manöverluftkampf	Luftnahkampf
Fliegeranzug	Flugdienstanzug
Fliegersonderbekleidung mit Höhenschutzausrüstung	Flugausrüstung
Sauerstoffmaske	Atemmaske

NVA-Begriff	Begriff in der Luftwaffe der Bundeswehr
Funkmessvisier, Funkmessstation oder Funkmess-komplex	Radar
Impulsdopplerfunkmessstation	Impulsdopplerradar
Zielkanal	Feuerführungskanal
Funkstation	Radio
Rumpfzusatzbehälter	Rumpfzusatztank
Lenkrakete	Lenkflugkörper (LFK)
Funkzünder	Radar-Annäherungszünder
katapultieren	ausschießen
Katapultsitz	Schleudersitz
Koeffizient der technischen Einsatzbereitschaft	Klarstand
Ingenieurtechnisches Personal (ITP)	Technisches Personal
Kontroll- und Reparaturstaffel (KRS)	Instandsetzungsstaffel (I Stff)
Leiter Fliegeringenieurdienst (Ltr. FID)	Kommandeur Technik
OSL (Oberstleutnant)	OTL (Oberstleutnant)
Personaldienstgebäude (PDG)	Staffelgebäude
Geschlossene Deckung für Flugzeuge (GDF)	Flugzeugschutzbau (FSB)
rückwärtige Sicherstellung	logistische Versorgung
Systeme der rückwärtigen Sicherstellung	logistisches und Versorgungssystem

Foto: Sammlung Magarin